食品知識ミニブックスシリーズ

〈改訂４版〉

缶詰入門

（公社）日本缶詰びん詰レトルト食品協会

JN106985

日本食糧新聞社

はじめに

食物を貯蔵することは重要な生活の営みの一つであり、古くから砂糖漬け、塩漬け、ぬか漬け、干物（乾燥）のように、家庭でもできるような貯蔵・保存手段がとられてきています。

工業的に生産される加工食品の保存方法としては、缶・びん詰やレトルト食品で使われている加熱殺菌法のほかに、冷凍、冷蔵、乾燥などの方法があります。加熱殺菌法では、食品に付着する微生物を熱によって殺滅し、保存料や殺菌料を使用せずに食品を長期間保存させることが一番の特徴です。加工食品によって保存方法に違いはありますが、密封後に加熱殺菌して内容物に保存性を付与するという缶・びん詰やレトルト食品の製造法は、あらゆる加工食品の製造法の原点になっているといえます。そのような意味から缶詰などのすそ野は広く、生活に密着した多様な食品が数多く含まれています。

缶詰は、購入時に直接中身を見ることができない食品で、消費者の方が提供者側に充分な「信頼」を寄せていることによって成り立っている食品です。もちろんこの前提には、製造・販売する者が内容物の品質、安全性を保証し、表示などの法令を順守するということが必要です。『消費者ニ味方スルモノハ最後ノ勝利者ナリ』という消費者主導をうたった標語は、大正12年に缶詰業界が制定し、査定の結果、優良と認められた製品に標語をデザイン化した《推奨マーク》として添付されたものです。缶詰業界の姿勢を示した標語ともいえます。

本書は、日ごろ缶・びん詰、レトルト食品を利用されている方、学生、これら製品の製造・販売に携わっている方々のために、産業史、製造法、製品特性、関連法規、流通・消費データなどとともに、主要製品のプロフィールについて、できるだけ平易に「缶・びん詰、レトルト食品のすべて」としてまとめたものです。本書を手にされる方々のために幾分かの参考となれば幸いです。

2020年8月
著者

目　次

第１章　缶詰産業の歴史

１　わが国缶詰産業の沿革

(1) 試製から商業生産開始まで―明治前期―

わが国の缶詰製造は１８７１（明治４）年、長崎で松田雅典がフランスのＬ・デュリーから製法を教わり、イワシ油漬缶詰を作ったことにより始まった。政府でも、内務省勧業寮内藤新宿試験場において74年から試験研究を開始し、モモ砂糖煮缶詰、トマト缶詰を試作している。

１８７７（明治10）年10月10日、北海道石狩（石狩船場町）にあった開拓使の缶詰工場で、米国人の指導を受けてサケ缶詰が製造された。この日は、日本で最初に缶詰が商業生産された日であり「缶詰の日」に制定されている。開拓使は１８６９年に設置された北海道とその周辺島の行政・開拓を行う官庁であり、明治政府の意を受けていろいろな事業を進めていたが、この事業の一つに缶詰製造があった。すなわち、缶詰産業は国が描いた産業振興プランにその礎を置き、発展していくことになったのである。

１８７９（明治12）年５月には、勧農局・銚子にフランスから購入した製缶機械等が設置され、当該工場でイワシ油漬缶詰が製造されている。

(2) 軍用食で足固め―明治後期―

明治の揺籃期を経過したわが国の缶詰産業は、１８９４（明治27）年勃発の日清戦争で軍用食料としての需要が急増、また、民間需要については、出征軍人の帰郷で缶詰が宣伝されたため需要が増えていった。これらを背景に製造業者も増え、業態が確立していった。このころの製造品目は牛肉、豚肉、その他の獣鳥肉、サケ、マス、カニ、イワシ、サバ、カツオ、クジラ、アワビ、カキ、サザエ、かまぼこ、果実、そ菜などであった。缶詰主産県は、広島（牛肉主体）、北海道（カニ、サケ、マス等の魚介主体）、東京（そ菜主体）、京都（同）、長野（果実主体）、三重（魚介主体）などであった。また、日清戦争後にわが国の領有となった台湾でパインアップル缶詰の生産が1902年に開始されている。

1904～1905（明治37～38）年の日露戦争の後、軍納は途絶えたが、輸出が増加して缶詰産業の発展を支えた。代表的な輸出品目は、北海道・千島・樺太のカニ缶詰、カムチャツカのサケ缶詰であり、その他カキ、エビ、貝柱、グリンピースなどの缶詰もこれに加わっている。

明治期にさまざまな改善が加えられて大正時代の大きな発展へとつながげられていくのである。

(3) サケ・カニ缶詰飛躍―大正期―

大正時代には、カニ缶詰の船内加工が始まり（船内加工は1973（昭和48）年まで続いた）、大正から昭和戦前にかけて一大産業に発展している。生産地は、千島国後島、樺太まで拡大された。カムチャツカでサケ・マス缶詰を製造していた工場では1913（大正2）年に、アメリカから自動製缶機械と自動缶詰機械を導入し、わが国初のサニタリー缶による缶詰量産化に踏み切った。カムチャツカに設置された製缶機械は、製缶専門工場用の機械として同年に函館に移されている。

カムチャツカでの生産に加えて、1929（昭和4）年には工船サケ缶詰の生産が開始されて生産量はさらに増え、欧米への輸出が著しく増加していったのである。

台湾でのパインアップル缶詰は、ハワイから本格的な種苗が導入された1921（大正10）年ごろに産業の基盤が確立、缶詰の増産体制が整えられていった。

(4) マグロ、イワシ、ミカン缶詰が発展 ―昭和前期―

時代が昭和に入ると、マグロ油漬、イワシトマト漬、ミカンなどの缶詰が発展を遂げている。

マグロ油漬缶詰は、1928（昭和3）年に静岡県水産試験場で本格的な研究が開始され、翌29年にビンナガマグロ油漬缶詰の試作に成功している。30年にマグロ油漬缶詰の商業生産が開始され、その後、静岡県下の工場を中心に参入業者が増加、急激に生産を伸ばすことになった。

イワシトマト漬缶詰の商業生産は、1925（大正14）年に開始され、その後、長崎、函館、銚子を中心に年々生産を伸ばしていった。欧米市場、東南アジア市場向けの輸出製品として急進展していくことになる。

ミカン缶詰は、1927（昭和2）年に薬品での内果皮除去が初めて実用化されるなどさまざまな製造技術の革新があって、その後目覚しい発展を遂げ、36年には生産量が92万箱（1・4万t）にも達している。

1939（昭和14）年に缶詰総生産が戦前のピークを迎えるまで順調に生産を伸ばしていったが、その後の戦争突入により、原料や資材の調達が非常に窮屈になって、生産は急激に減少していった。戦局が進むなかで、缶詰業界も40年から府県単位の企業合同に向かっていき、生産物の大部分は軍需用に切り替えられることになった。また、戦時中の深刻なブリキ不足で、代用の容器として紙製の缶、陶器の壷などが登場している。

(5) 輸出缶詰がけん引―戦後―

終戦時（1945年）に日本缶詰統制株式会社の下にあった登録工場は220（うち209が操業可能）であり、全国缶詰総生産量は最盛時の40分の1に落ちている。生産を回復させる原動力になったのは輸出向け缶詰であり、マグロ、カニ、サケ・マス、サバ、イワシ、サンマ、ミカンが代表的な品目である。

マグロ缶詰の輸出は、輸入国の関税引上げ、ビキニ環礁での水爆実験、デコンポーズ（品質不良）の問題などで一時的に減少した時期があったものの、1980（昭和55）年まではほぼ右肩上がりで推移している。

サケ・マスおよびカニ缶詰は、1953（昭和28）年に母船式漁業が再開されたことも手伝って59年まで輸出が順調に伸びていった。

戦後の缶詰生産、輸出をもっとも強くけん引したのはサバ・イワシ・サンマ・アジの青物缶詰である。青物缶詰の輸出は、途中品目別の消長を経ながらも1980（昭和55）年までほぼ一貫して伸びていった。

ミカン缶詰の輸出は、円が変動相場制に移行した1971（昭和46）年まで伸び続けた。国内販売向けを含めたミカン缶詰の生産量は、同年がピークである。

(6) 為替と輸出入の変化―昭和後期以降―

好調だった輸出は、１９７１（昭和46）年の円の変動相場制移行を契機に陰りが現われだし、80年をピークにして以後漸減傾向をたどるようになった。85年にドル高是正を目的にしたプラザ合意がなされ、為替の政策的な円高誘導が行われたことが決定打となった。輸出の減少にともない、国内での食料缶・びん詰生産は漸減している。

輸出の減少に反比例する形で輸入が増加している。関税率の一斉引下げ措置が3回にわたって行われたことや、輸入制限品目に残っていたトマト加工品、パインアップル缶詰、牛肉調製品（コンビーフ缶詰など）が１９８９～90（平成元～2）年にかけて自由化品目に移行したことが輸入増加に弾みをつける形となった。食料缶詰の輸入量（一部レトルト食品を含む）が国内生産量（丸缶）を上回ったのは95年であるが、この年以降は輸入量が常に国内生産量を上回っている。

2　海外における缶詰沿革

(1) 缶詰の発明

缶詰製造の原理は、１８０４年にフランスのニコラ・アペールにより発見された。当時フランスはナポレオン帝政期にあり、政府は兵食の長期貯蔵に関する委員会を設け、新しい食品貯蔵法についての懸賞募集を行っていたが、これに当選したアペールは１８１０年、１万２０００フランの賞金を得ている。

アペールは容器にびんを使用したが、金属容器を使ったのはピーター・デュランである。彼は１８１０年に食品の貯蔵法およびガラス製容器、壷またはブリキやほかの金属による密封容器に関してイギリス政府の特許を得ている。製法そのものはアペールのものと同様であったが、容器にブリキ缶またはほかの金属容器を使ったことに特異性があった。

1810年代後半には缶詰が北極探検隊の携行食として使われ、その真価が認められるにいたり、軍用ばかりでなく一般的な食品として普及することになった。なお、当時の容器は、かなり厚手のブリキを使用していたことや缶切りが発明されていなかったので、当時の缶詰には「斧とハンマーで開けてください」と使用法が記されていた。

(2) 缶詰産業の発展

やがて、缶・びん詰の製造法はヨーロッパ各地に広まり、1820年ごろにはアメリカにも伝えられ、缶詰産業として成長、発展を遂げた。アメリカでの缶詰生産を飛躍的に伸ばす契機になったのが61年に始まったアメリカ南北戦争である。

その後、1874年にアメリカで殺菌釜(オートクレーブ)が完成、90年代の自動製缶機械の一大進歩などで生産設備面での改革が進み、缶詰普及に弾みがついた。

また、フランスのルイ・パスツールが1861年に「発酵、変敗原因微生物の発見」、ドイツでコーンが76年に「耐熱性細菌を芽胞と命名、芽胞の死滅についての研究成果発表」、アメリカのプレスコットとアンダーウッドが90年に「耐熱性細菌とスイートコーン缶詰の変敗関係を研究、成果発表」、1920年にアメリカのビグロウとボールが「加熱殺菌理論を発表」、同じくビグロウらが20年代に「芽胞とpHの関係を研究」など、さまざまな研究成果が出され、製造技術面で缶詰の成長を支えていった。

(3) 缶詰の世界各地への普及

ヨーロッパ、北アメリカを中心にして行われていた缶詰生産は、やがてアジア、オセアニア、南アメリカ、アフリカの世界各地に広まっていった。とくに１９７０年代以降はタイ、フィリピン、マレーシア、インドネシアの東南アジア各国での生産が活発化してきている。また、80年代以降は中国が台頭、著しく生産力を増強している。これら生産新興国では、生産物の多くが欧米や日本向けの輸出であったが、近年では生活水準の向上にともない国内消費も増えてきている。また、大規模工場ではＩＳＯ（国際標準化機構）の認証やＨＡＣＣＰ（危害分析重要管理点）の承認を取得、衛生、品質管理を徹底しているところが少なくない。

以上のように缶詰は、世界のほぼ全地域で生産、消費されている代表的な加工食品であるが、生産拠点が新興国に移行し、かつての生産大国が輸入、消費国になっていく傾向がみられる。

第2章 缶詰・びん詰・レトルト食品の作り方

1 製造法の特徴

缶詰・びん詰・レトルト食品は、食品をいろいろな形に調製してそのまま、あるいはほかの食品とあわせて、水、食用油、調味液などとともに容器（缶・ガラスびん・レトルトパウチ）に詰めて密封し、加熱殺菌したものである。この原理はニコラ・アペールが最初にびん詰を作って以来変わらない。もちろん製品の種類によって調理が違ったり、容器によって多少異なったりすることもあるが、ほぼ次のような工程で製造される。

原料→洗浄→調製→肉詰・注液→脱気→密封→加熱殺菌→冷却→検査・荷造り→製品

(1) 原料

原料の選択と管理は非常に重要で、農産物では缶詰専用の品種を用いることも多い。鮮度や熟度の管理は、高品質の製品を作るための必須条件である。そのため、製造工場はできるだけ新鮮な原料をすぐ加工できるよう、産地や漁港などの近くに立地することが多い。海外など遠隔地からの原料を使用する場合も、冷凍など良好に貯蔵されたものを適切に解凍して、ただちに利用する。いわゆる旬の時期に製造されるものは〝シーズンパック〟と呼ばれ、品質が優れているほか、価格の点でも有利である。

なお、モモなど収穫後に熟度が改良される果実では追熟といって、工場内で貯蔵してから製造するものもある。

(2) 洗 浄

生の原料に付着している土やほこり、農薬、異物、そして微生物などの汚染物を除去するため、水や洗剤などを使って洗浄する。

(3) 調 製

食べられない部分を除くため、魚では頭部や内臓除去、皮剥ぎ、三枚おろしなど、果実野菜では皮や種子、芯などを除去したり、果汁を搾ったりする。また、容器に合わせて適当な形や大きさに成形したり切断したりする。果実野菜ではこの間の変色や酸化を防ぐため、酵素の働きを止めるブランチングという湯通しや蒸気加熱を行う。これによって肉質が軟らかくなったり、組織内の空気が除かれたりするという効果もある。一般に容器に詰める前に目視や、金属探知機やX線検査機などによって異物、金属片などを除去する。

(4) 肉詰・注液

規定どおりの内容量（固形量と内容総量）になるよう容器に食品を詰め、次いで水や塩水、食用油、調味液などの液を注入する。重量の管理は、コンピューター式の充填機や重量選別機（ウエイトチェッカー）で行う。

(5) 脱 気

容器内からできるだけ空気を除く操作を行う。これは加熱殺菌中に空気が膨張して容器を破壊しないため、容器の内面腐食を防ぐため、内容物の

色、香り、味、栄養成分などの酸化を防ぐためなど重要な工程である。そのため内容物の温度を高くして充填する、
　蒸気で予備加熱する、真空（減圧）状態で密封するなどの方法があり、専用の真空巻締機や、液体窒素や二酸化炭素ガスを導入して空気を置換するための機械が開発されている。

(6) 密　封

　缶の場合は蓋をつけて二重巻締によって完全密封する。これは蓋のカール部分と缶胴のフランジ部分をかみ合わせ、折り曲げて密着させるもので、その間を合成ゴムの密封剤（シーリング・コンパウンド）で埋めることによって高い密封性が得られる。その断面は図表2―1に示すとおりである。この工程は二重巻締機（シーマー）によって行う

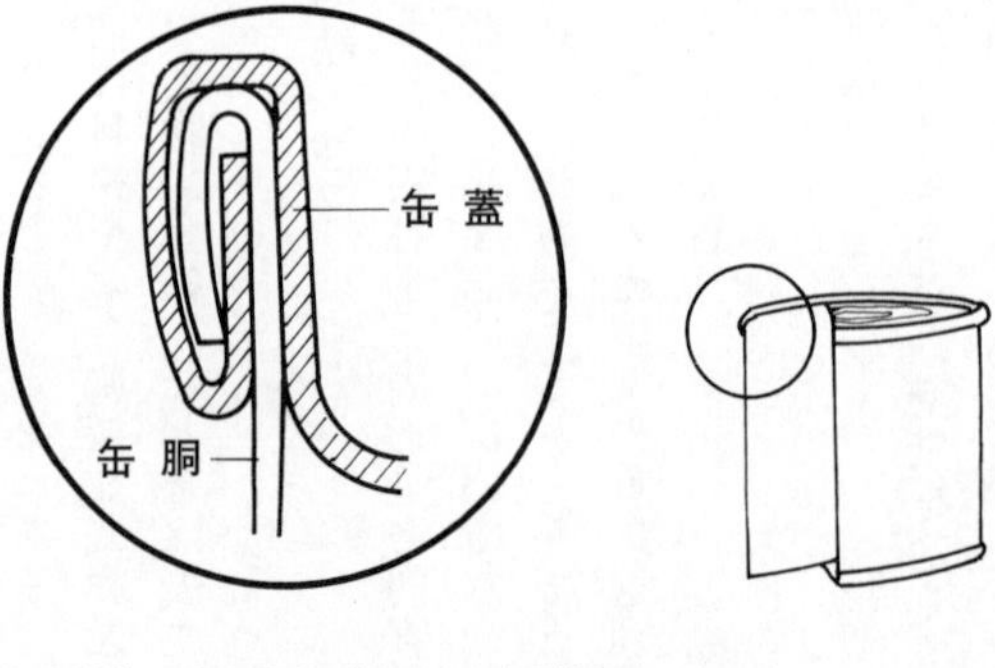

資料：（公社）日本缶詰びん詰レトルト食品協会

図表2－1　缶の密封法

が、飲料用の大型機では毎分2千缶にも達する高速処理が可能である。

レトルトパウチの場合は、フィルムを熱によって溶融させ貼り合わせるヒートシールによって密封する。このため、ヒートシーラーという一種の加熱器を使用するが、通常、内容物の充填からヒートシールまでが連続して行うことができる一体型装置で、処理速度は毎分数十袋前後と缶よりは遅くなる。

この密封が完全に行われることによって、外部から空気や水、細菌の侵入を防ぎ、貯蔵中の変敗、腐敗が防止できる。

(7) 加熱殺菌

密封した容器は殺菌装置に入れて加熱殺菌を行う。これにより、内容物に含まれている微生物を死滅させ、貯蔵中の腐敗を防ぎ長期保存が可能になる。殺菌のための温度は食品の種類によって100℃以下で済むものと、100℃を超えた高温が必要なものに大別される。100℃以下の殺菌は低温殺菌（パスツリゼーション）と呼び、100℃超の殺菌は高温殺菌（ステリライゼーション）と呼ぶ。低温殺菌は熱湯や蒸気で簡単に処理できるが、高温殺菌では加圧が必要になるため専用の耐圧装置が必要で、これを高温高圧殺菌機（レトルト）と呼ぶ。

たとえば果実、果汁、ジャムなど酸の多いものでは、80℃前後の温湯に一定時間通過させる低温殺菌機を用いる。果汁のような液体では、容器に詰める前に熱交換機や瞬間殺菌機などで加熱殺菌し、熱いうちに（約90℃）容器に充填する熱間充填（ホットパック）という方法を用いる。それに対して魚・肉・野菜など酸の少ないもの（低酸性食品）はレトルトに入れて殺菌を行う。レトルトの加熱には熱水や蒸気などが一般に利用されるが、殺菌機内をできるだけ温度ムラがないように、また熱が速く伝わるようにするいろいろな方式があって、たとえば、装置内が回転するもの、熱水をシャワーのように吹き付けるものなどがある。

それぞれの製品を殺菌する温度や時間の条件は、科学的な根拠を基に決められている（第3章「1　安全性」参照）。設定した条件は、毎回正しく実行されるよう専任者が細心の注意をしながらあたる。

密封と加熱という原理は同じであるが、順序が違い、容器に詰める前に内容物を殺菌・冷却した後、別に殺菌した容器に無菌的に充填する無菌充填包装法（アセプティック処理）は、高品質な製品の製造に利用される。果実・茶・コーヒー・豆乳などの飲料に加えて、ゼリー・スープ・ソース、さらには固形の入った食品の製造にも利用されている。

(8) 冷　却

殺菌が終わったら、速やかに冷却しなければならない。冷却が不十分だと、好熱性細菌（高い温度を好む細菌）が増殖して腐敗する可能性がある。また、品質にも悪影響を与えたり、缶内面の腐食を助長したりすることもあるので、重要な工程である。

缶詰の冷却は、レトルトの中で殺菌が終わったのち引き続きそのまま冷却水を注入して行うものと、レトルトから出して冷却槽中に浸漬するものがある。後者の場合は、食品衛生法によって衛生的な冷却水を使用することが義務づけられている。これは、缶の巻締部分から冷却水とともに細菌が内部に侵入する可能性がゼロではないためで、もしそのような事態になっても衛生的な水であればその心配を解消できる。

(9) 検査・荷造り

かつて検査員が打検棒で缶蓋をたたき、発する音と手に感じる振動によって良否を見分けていたが、現在はそれと同じ原理ながら電子的な検査機が使用されている。これによって真空度・重量過多・不足・巻締の不具合などを検出している。ライン上の検査とは別に、翌日に抜き取り試料を開缶して確認する検査も行われる。

洗浄して汚れを除いた製品は、段ボール箱に詰めて荷造り出荷となる。この作業にはロボットなども導入されて自動化が進んでいる。

2 代表的製品の製造法

(1) マグロ油漬缶詰

冷凍原料の場合は解凍後、頭部と内臓を除去し、クッカーという蒸煮装置に入れて中心温度が65℃前後になるよう加熱する。これを冷却（中心温度40℃以下）してから皮やうろこを除き、2つ割りにして背骨を除いて背肉と腹肉に分割する。この後、ナイフで血合い肉や変色部や小骨等を除去してクリーニングする。精肉は自動肉詰め機、または手詰めで缶に詰める。重量をチェックして食塩、液汁として食用油、野菜ブロスなどを入れ、蓋をつけて二重巻締を行う。缶はバスケットに入れてレトルトに移し加圧加熱殺菌する。温度はツナ2

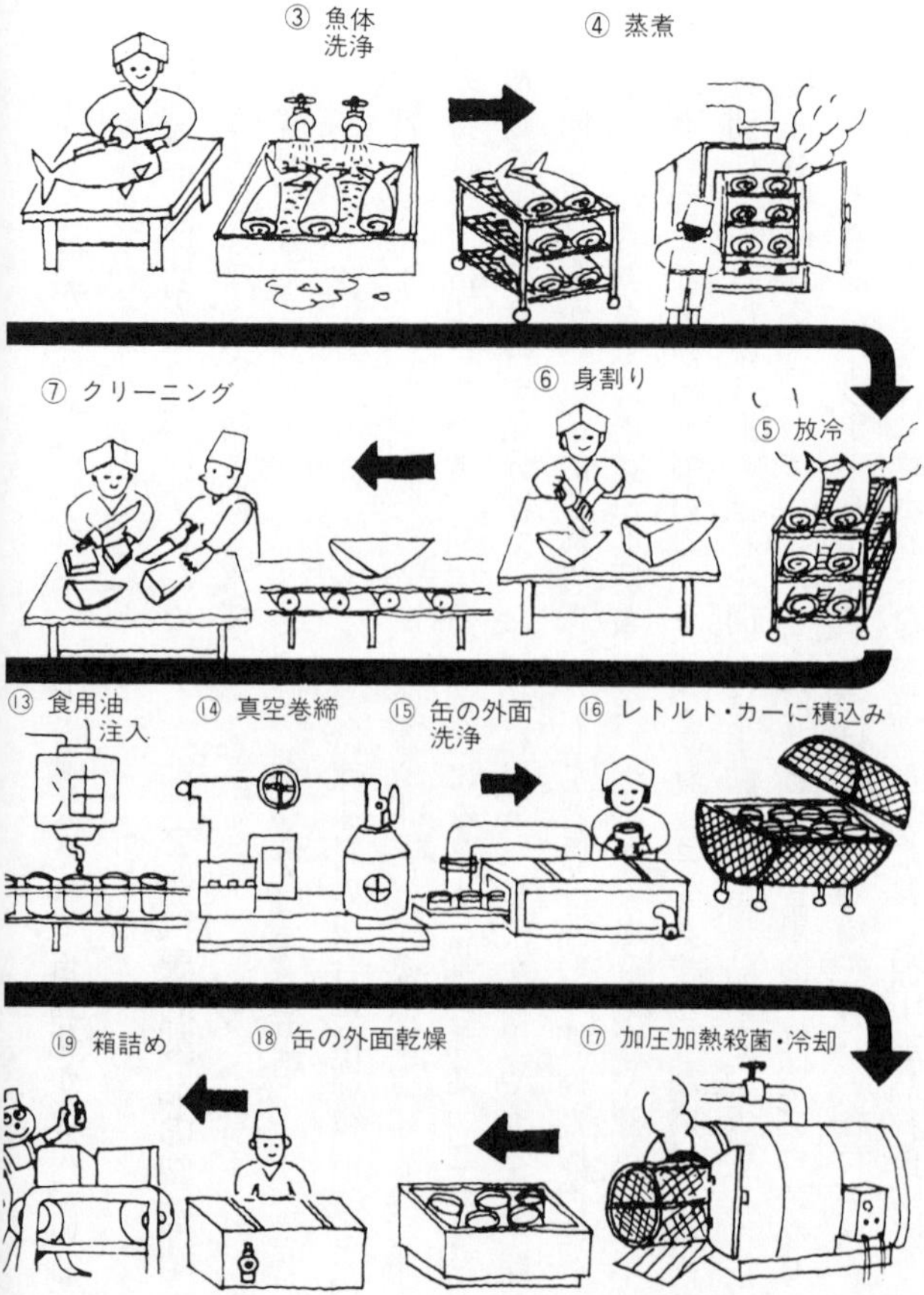
③ 魚体洗浄
④ 蒸煮
⑤ 放冷
⑥ 身割り
⑦ クリーニング
⑬ 食用油注入
油
⑭ 真空巻締
⑮ 缶の外面洗浄
⑯ レトルト・カーに積込み
⑰ 加圧加熱殺菌・冷却
⑱ 缶の外面乾燥
⑲ 箱詰め

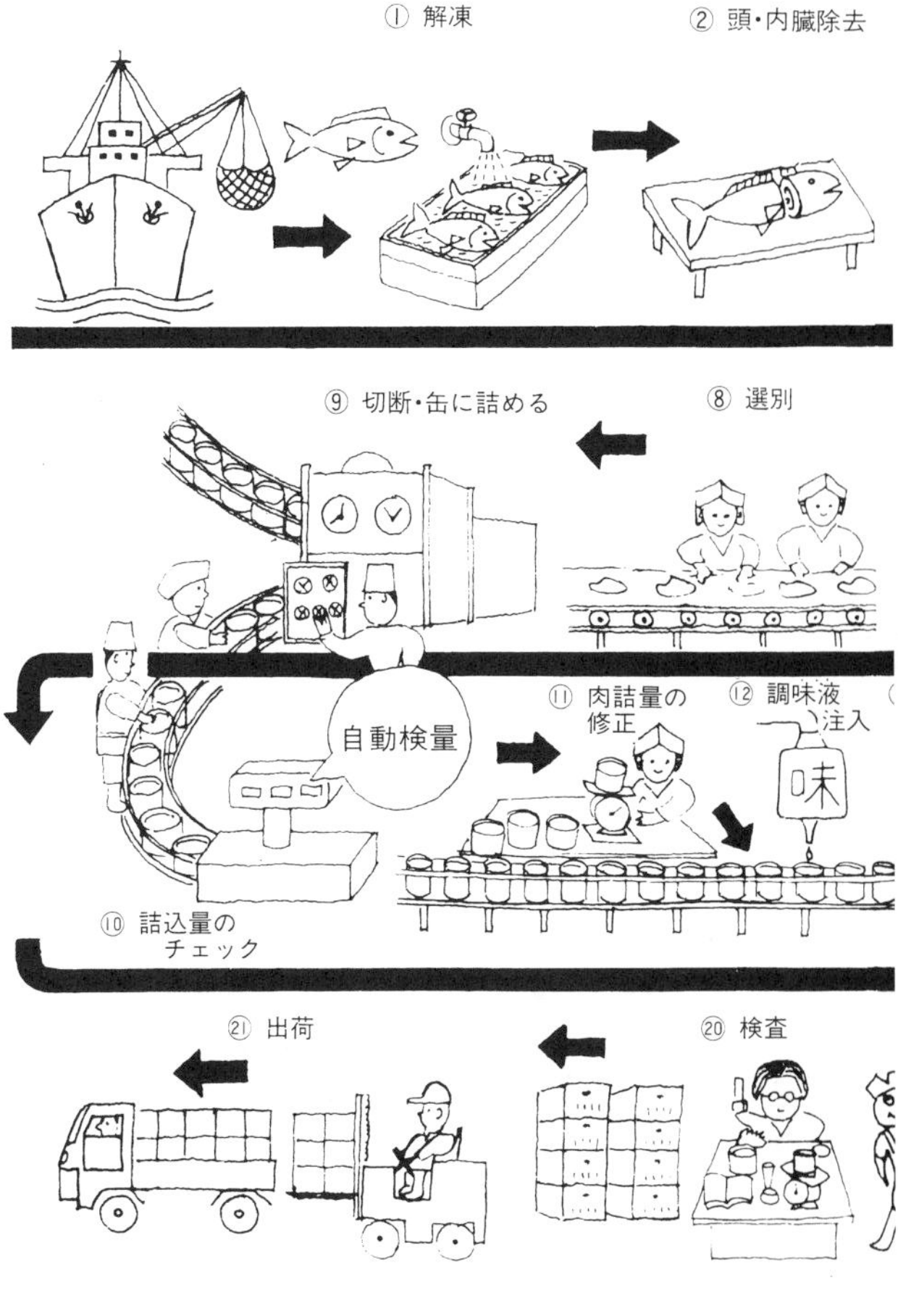

図表2－2　マグロ缶詰製造工程図

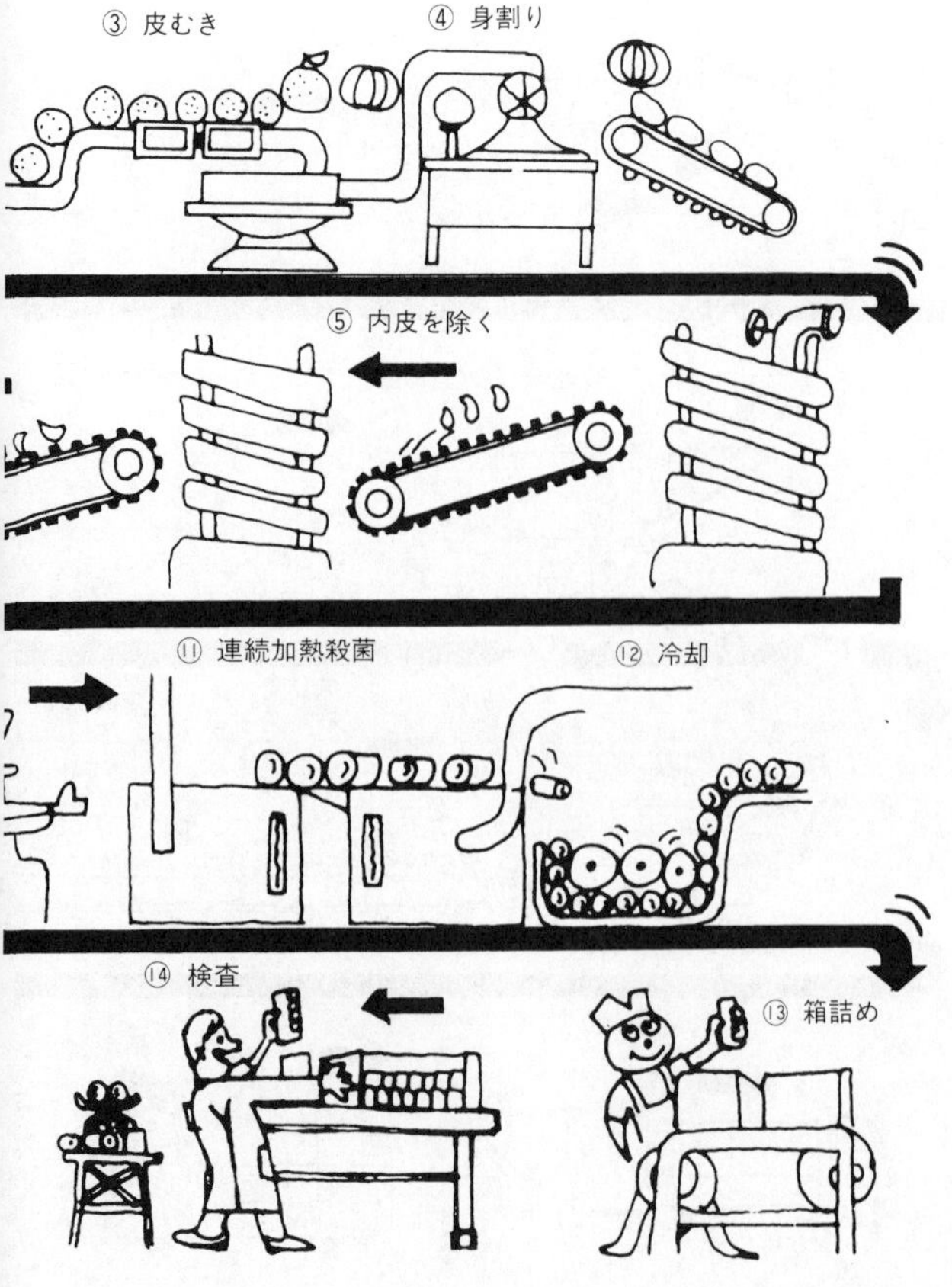
③ 皮むき
④ 身割り
⑤ 内皮を除く
⑪ 連続加熱殺菌
⑫ 冷却
⑭ 検査
⑬ 箱詰め

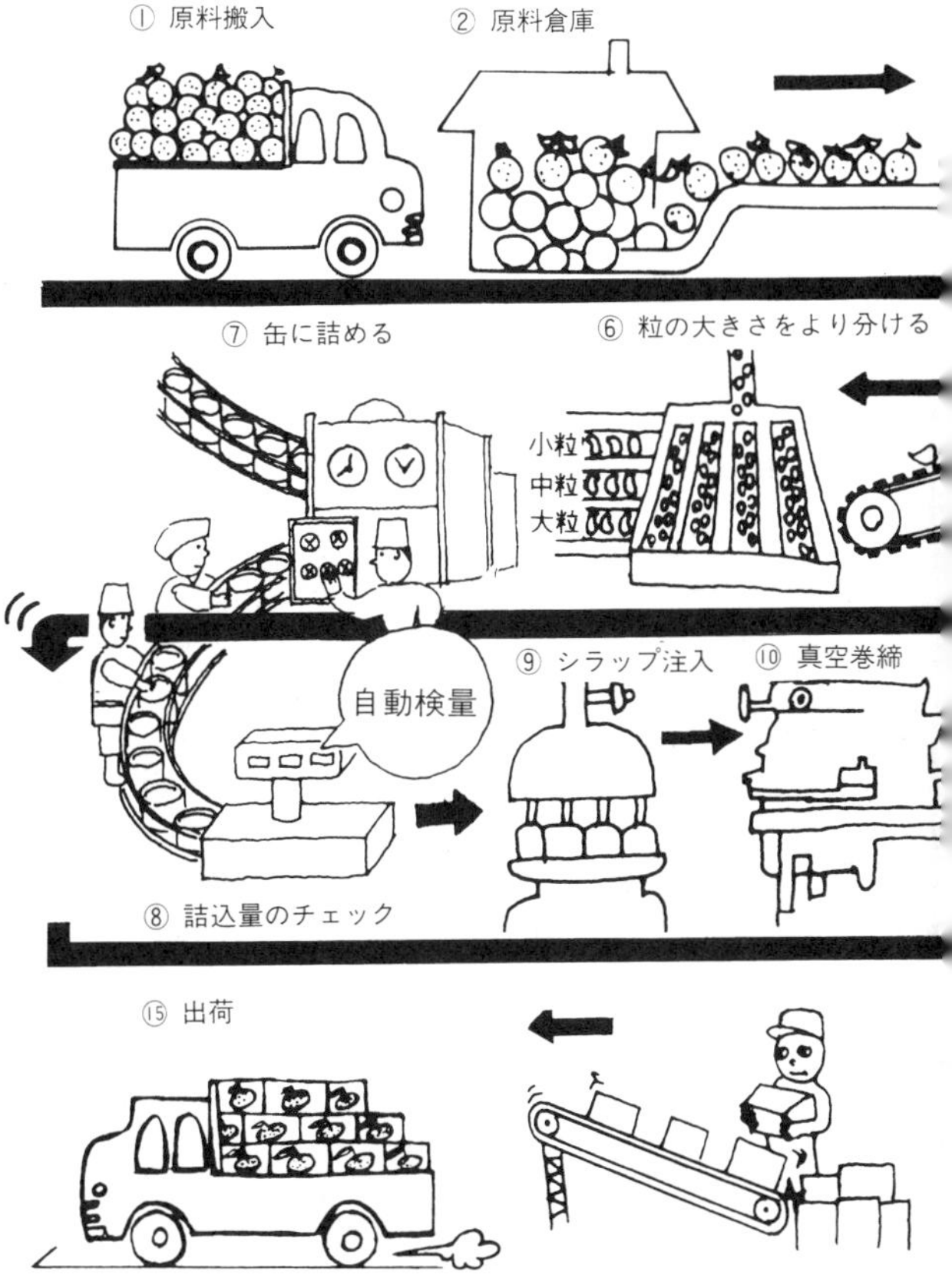

図表２－３　ミカン缶詰製造工程図

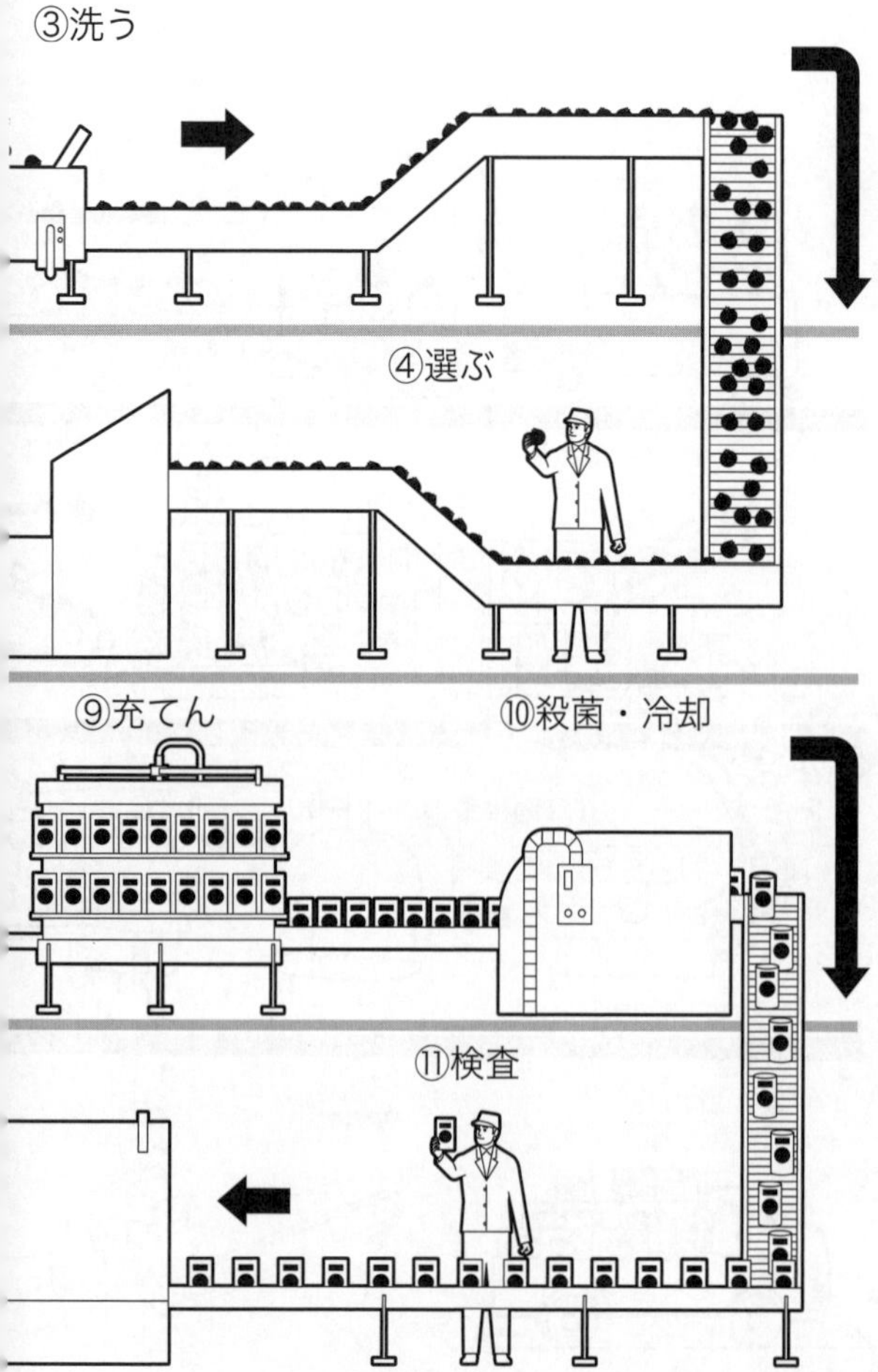
③洗う
④選ぶ
⑨充てん
⑩殺菌・冷却
⑪検査

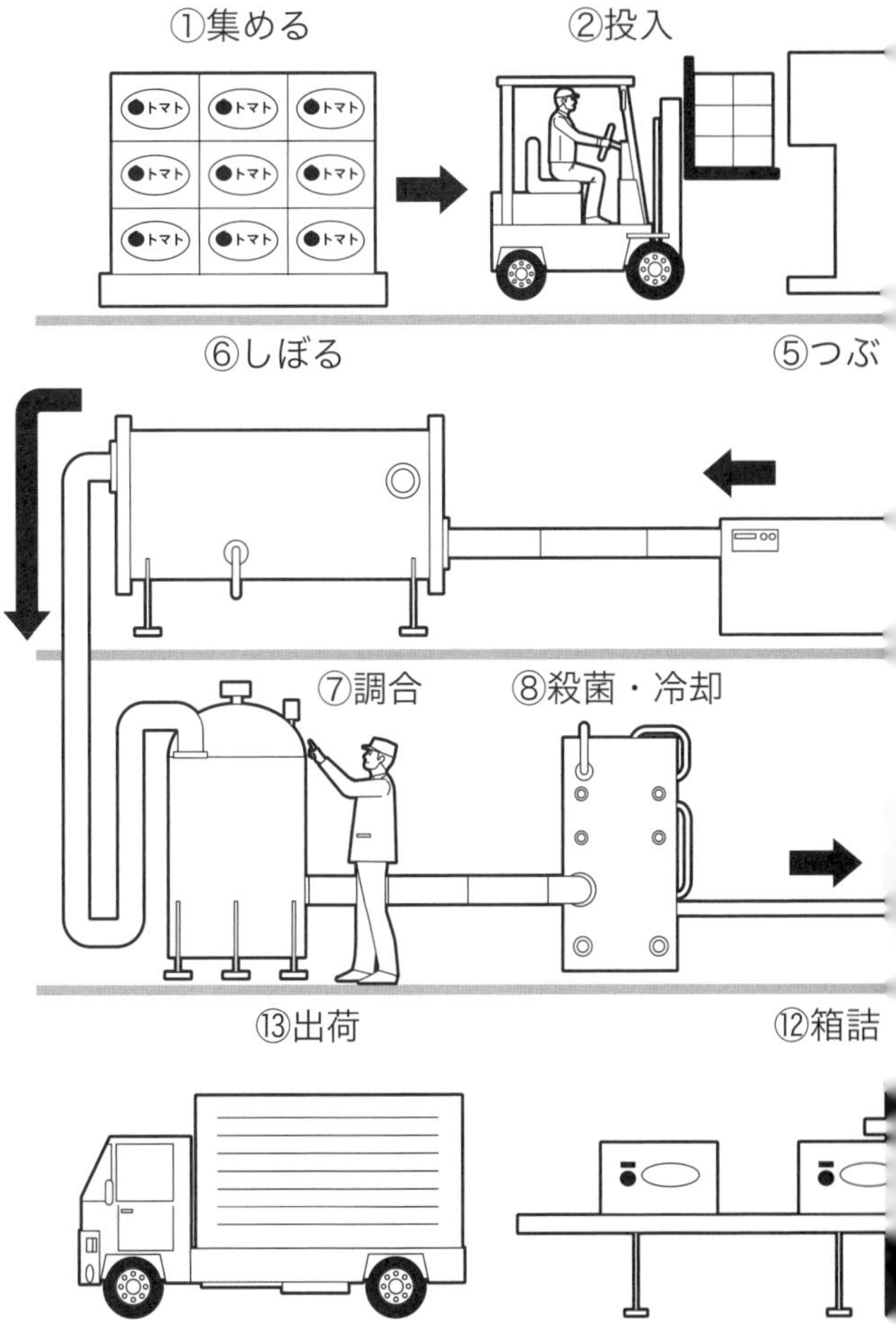

図表２－４　トマトジュースの製造工程図

号缶で113～115℃、時間は70～80分である（図表2―2参照）。

(2) ミカンシラップ漬缶詰

原料の温州みかんはまず、サイズ選別を行い、湯通し機（スコルダー）を経て外果皮の除去を機械によって行う。次に身割り（ホロ割り）機にかけて果粒（瓢嚢）を一つ一つに分離するが、これには水中で高圧にした水を吹き付ける自動処理機械を使う。分離した果粒は内果皮(じょうのう膜)の除去を行う。ミカンの内果皮はセルロースやペクチンなどでできており、これを酸とアルカリで分解することで除かれる。このために、まず20～35℃の塩酸溶液（0・3～0・7％）が入った樋の中を40～60分かけて通過させる。次いで20～30℃の水酸化ナトリウム溶液（0・2～0・5％）の樋を15～30分かけて通ると内果皮は除去されるが、さらに水さらしを30～60分行ってアルカリを完全に除去する。

ロール選別でサイズ分けして大きさをそろえ、夾雑物や割れ果（ブロークン）などを除いた後、缶に一定量充填する。そこにシラップを充填するが、仕上がりの糖度を一定にするためには、果実が含む糖濃度を計ったうえでシラップの糖度を調整する。蓋をつけて真空巻締をするが、缶内の空気をできるだけ除くことが重要である。ミカンはpHが3・5程度と低いので殺菌は低温殺菌機を使用し、74～86℃で9～12分間行う（5号缶の場合）（図表2―3参照）。

(3) トマトジュース缶詰

トマトジュースはフレッシュなトマトを破砕、

搾汁して製造するものと、あらかじめ濃縮加工しておいた原料を水で戻して製造するものがある。フレッシュ原料を使う場合、まず洗浄、選別したトマトを破砕してから熱を加えて酵素の働きを止め、搾汁機に入れる。搾汁には専用機（エキストラクター）やパルパーフィニシャーなどを使い、ジュースと固形分に分離する。得られたジュースはタンクに入れ品質を検査し、有塩製品には食塩を加えてから空気を除く処理を行う。

濃縮ジュースを原料にする場合は、水を加えて濃度などを調整して用いる。果汁の濃縮には加熱によるほか、熱を加えない逆浸透膜を使う方法もある。ジュースの殺菌は、熱交換機によって120℃で1分程度の高温短時間殺菌（HTST）を用いる。その後90℃に冷却してから缶に充填、密封する。次の工程まで高温のままにする（あるいは後殺菌として加熱する）が、これは缶と蓋の殺菌を行うためで缶の上下を反転させる。その後は急速に冷却して殺菌を完了し箱詰めを行う。この方法はほかの果汁飲料を缶・びん・プラスチックボトルに充填するときも基本的に同じである（図表2―4参照）。

(4) レトルトカレー

調理食製品の缶詰とレトルト食品では、内容物を調製する工程はほぼ同じである。カレーの場合は原料の肉や野菜などの具材と、カレーソースは別々に調理してから、それぞれ一定量になるよう計量し、レトルトパウチに充填する。この密封はヒートシールによるが、充填から脱気、ヒートシールを連続して行う一体型装置が利用される。密封されたパウチは穴あきトレーに整列して重ならな

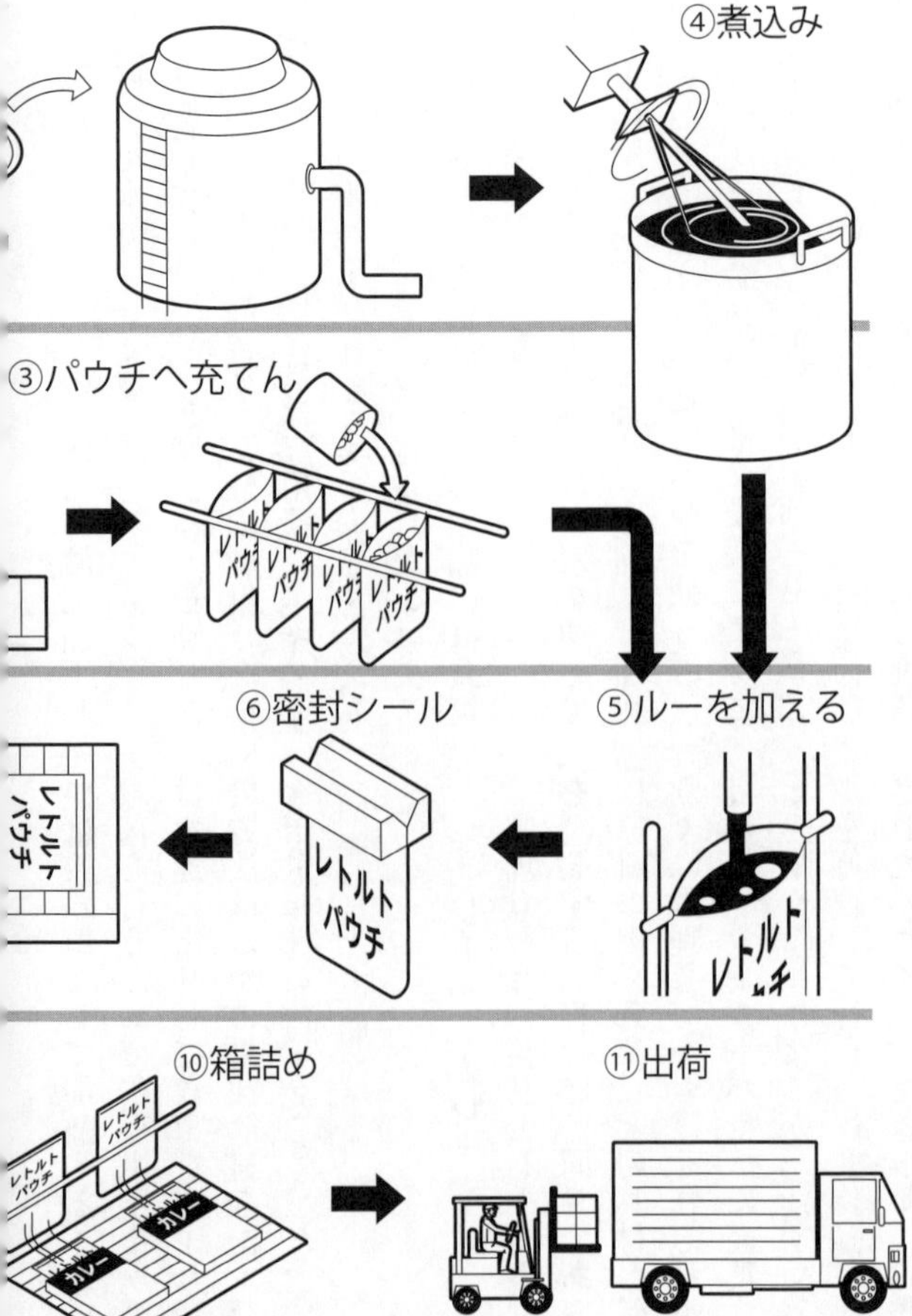
④煮込み
③パウチへ充てん
レトルトパウチ
⑥密封シール
⑤ルーを加える
レトルトパウチ
⑩箱詰め
レトルトパウチ
カレー
⑪出荷

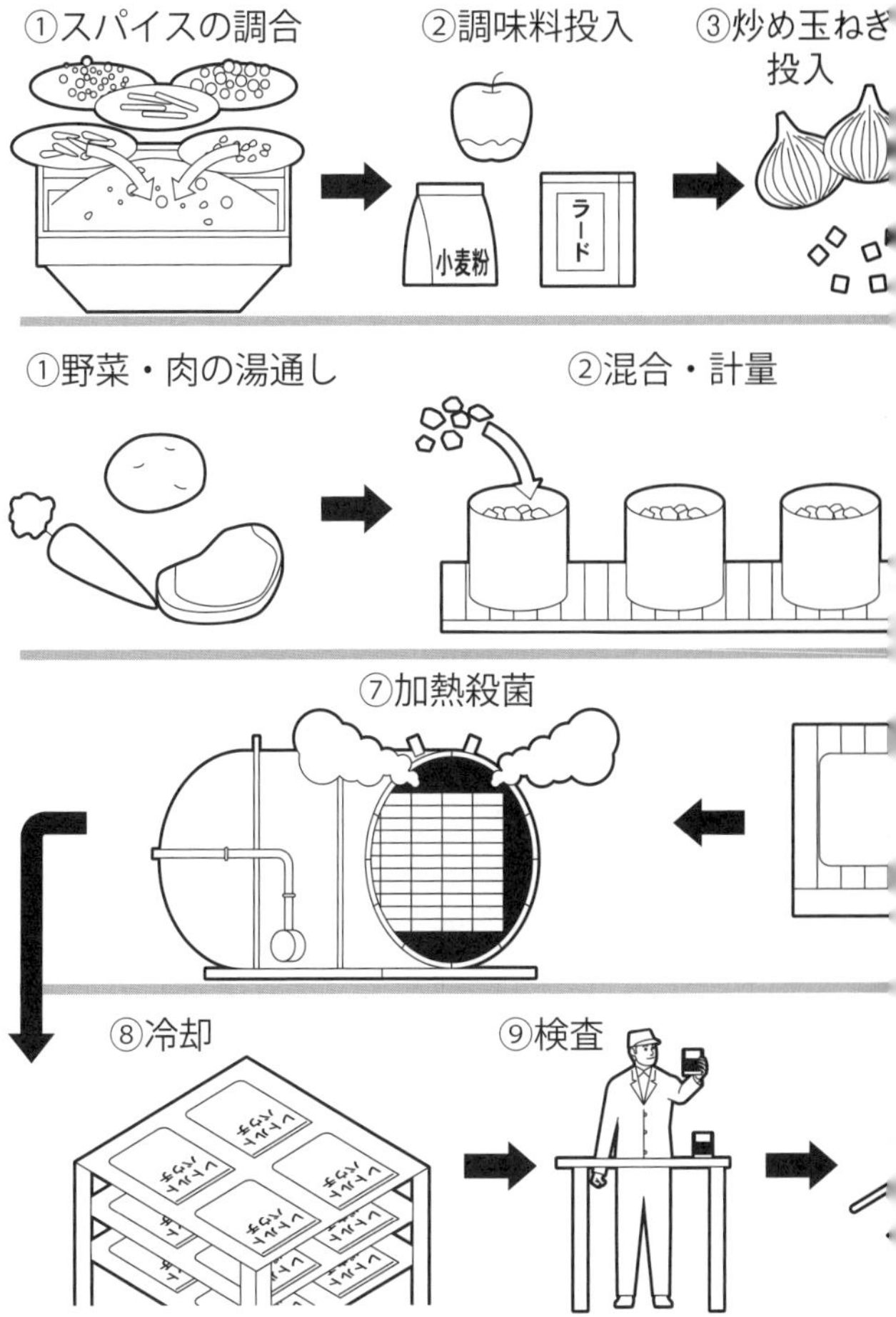

図表2－5　レトルト食品（カレー）の製造工程図

いように並べ、トレーを何段にも重ねて高温高圧殺菌機（レトルト）に入れる。

レトルトパウチは缶よりも熱の伝わり方が良いため、たとえば１２０℃という高温で30分くらいの短い時間で殺菌することができる。さらに、殺菌機の中ではトレーを回転させて熱が速く伝わるような工夫もする。ただ、パウチは缶と違って圧力変化に弱く破れやすいので、殺菌と冷却には適当な圧力をかけ注意して行わなくてはならない。冷却が終われば検査後、外箱に詰めてできあがる（図表２―５参照）。

３ 容　器

(1) 缶

金属缶が初めて使われたのは１８１０年で、以来、ブリキが多用されてきた。ブリキは鋼板（スチール）にスズを薄くメッキしたものである。スズ面を露出させたものを無塗装缶または白缶と呼び、内面を塗料でコーティングした塗装缶と区別する。白缶を利用するのは酸の多い果実などに限られる。原料スズの供給面の不安定さからスズの使用量を減らす傾向にあり、スチールに微量のニッケルをメッキした後、少量のスズをメッキしてクロム酸処理したティンニッケルスチール（ＴＮＳ）や、スズをまったく使わずにクロムを化学処理したティンフリースチール（ＴＦＳ）が開発されている。アルミニウムはスチールに比べ軽量で加工しやすい、さびにくい、缶臭がしないなどの特徴があり、主に飲料や魚の小型缶詰に利用されている。

缶を成形法によって分類すると、胴と蓋が完全に分離した3ピース缶、胴と底をカップ状に一体成形して蓋をつける2ピース缶がある。3ピース缶では円筒型にした胴の接合が必要で金属溶接が行われる。ブリキではハンダも使用されてきたが、現在は鉛を含んだハンダは使用されていない。また、一般に省資源化から鋼板の厚みも薄くなってきている。2ピース缶は原材を打ち抜き、絞り加工（ドローイング）やしごき加工（アイアニング）して成形するが、浅いものからDR缶、DRD缶、DI缶と略称する。

缶の内面を塗装するのは腐食を防いだり、内容物の変色を防いだりするためである。塗料には合成樹脂を主体に、顔料や溶剤などが用いられる。代表的な樹脂はエポキシフェノール、エポキシユリア、エポキシアクリル、ビニル、ポリエステルなど、いずれも食品衛生法に基づく器具および容器包装の規格基準、さらには厳しい米国の規格基準を満足する衛生的なものである。溶剤は従来の有機溶剤から水性のものに転換が図られている。環境対策を推し進めるため、鋼板あるいはアルミ材にPETフィルムを直に貼り付けたラミネート材が開発された。PETフィルムは内容物の吸着や加工において潤滑性が良いため、これを2ピース缶に成形加工したものは飲料に多く利用されている。

缶の形状や寸法はJISによって規定されるものもあるが、メーカー独自のものも加えると種類は多い。形状も円筒状の丸缶・だ円缶・角型など種類に富む。近年は省資源から缶材の厚みを薄くする傾向にあり、胴にビードという筋が入ったものや、三角形のダイヤモンド構造を設けた缶があるが、強度を付与するためのものである。また、飲料容器として、ＰＥＴボトルのようにキャップを使い、再シールできる形状のリシール缶（ボトル缶）も開発されている。

(2) 缶　蓋

かつては缶詰というと缶切りがつきものであった。最近は簡単に手だけで開けることができるイージーオープン・エンド（ＥＯエンド、エンドは蓋の意味）を使用する製品が多い。これは蓋にスコアという浅い溝を設け、プルタブリングを引っ張り上げるとスコアに沿って開口する構造になっている。

これには飲料缶の蓋のように、一部が開口してタブが取れないもの（ステイオンタブ）と、ツナ缶のように蓋全体が開口するフルオープン・エンドがある。蓋のサイズをできるだけ小さくするため、缶胴上部の径を小さく加工したものをネックイン缶という。

(3) ガラスびん

ガラスびんは缶詰の原理を最初に実現した容器である。その化学的安定性から優れた耐食性と耐圧性をもつ。形状や色など意匠性に富み、透明で内部が見えることが大きな特長である。衝撃や温度差による破裂や重いといった欠点は近年、軽量化や表面処理などによって改善されてきた。各種飲料のほか、トマト加工品・ジャム類・ベビーフード・ペースト・佃煮・酢漬・クリや豆類などに使われている。

びんの密封は、開口部に蓋（キャップ）を密着させることによって行うが、その方式には次のようなものがあり、いずれも手で簡単に開閉できる構造になっている。

①スクリューキャップ

ねじ栓になった蓋を使うもっとも基本的なもので、びんの口につけられた連続ねじに沿って締め付ける。

②ツイスト・オフ・キャップ

スクリューキャップのねじ蓋と違って、わずかな回転で簡単に開閉できることが特長である。キャップのスカート部の下縁が内側にカールされ、その部分に数個のラグ（突起部）があり、びん口のねじとかみ合わせるようになっている。キャップの内面にはスクリューキャップと同様に、密封用のコンパウンドが塗布されていて、これにびん口がくい込んで気密が保たれるようになっている。

③ＰＴキャップ

ＰＴ（プレスオンツイストオフ）キャップは、ベビーフード用のびんに多く使用されている。蓋は薄鋼板製であり、ツイスト・オフ・キャップのようなラグはない。ガスケットであるプラスチックゾルが蓋のパネル内周からカール内面まで広がっている。これらの部分で形成されたガスケットによって、ガラス容器の天面と側面に沿って密封する。ＰＴキャップは、蓋をガラスびんの天面に押し付けるだけで密封される。この際、あらかじめプラスチックゾルのガスケットを加熱して柔らかくしておく。密封後、蓋側面部のガスケットが冷えてねじ状の押し型が形成されるので、蓋の開閉が可能となる。

(4) レトルトパウチと成形容器

レトルト食品用のプラスチック容器としては、プラスチックフィルムを袋状に成形したレトルトパウチと、トレーやカップ状に立体成型した成形容器がある。どちらも食品衛生法の規格基準にある容器包装詰加圧加熱殺菌食品にあたり、容器として遮光性を備え、ヒートシールによる密封と100℃以上の高温加熱に耐えるものでなくてはならない。

遮光性からみると透明容器と不透明容器に大別される。不透明容器は異なる種類のフィルムの間にアルミ箔を積層したもので、遮光性とともに酸素透過性が著しく改善され、金属缶と同じような貯蔵性が得られる。それに対して透明容器は、光透過と酸素透過性によって品質低下が避けられないので比較的短期の保存を目的とした製品に使用されることが多い。しかし、内容物が見えること、電子レンジによる加熱が可能であることから商品価値を高める特長もある。一般に利用されるフィルムとしてはポリエステル（PET）、ポリプロピレン（CPP）、ナイロン等がある。近年は酸化ケイ素などを蒸着したフィルムを使うことにより、透明性と酸素透過性の両方の特質を備えた電子レンジ対応の透明レトルトパウチが開発されている。最近はこの透明レトルトパウチを使用した製品が非常に多くなってきている。

レトルトパウチは2枚のフィルムの端をヒートシールして袋状に加工した平袋と、底の部分にフィルムを1枚加えた自立型のスタンディングパウチがある。容量は200g前後の1食分サイズが多いが、業務用の1kgから3kgといった大型袋もある。電子レンジ対応のパウチでは、開封せずに調理加熱に対応し蒸気を外部に排除する自動開封機構も開発された。

成形容器はパウチよりも厚みのあるシート材を立体成型し、蓋に薄いフィルムをヒートシールする。開封後そのまま加温したり食器として用いたりする食品に多く利用され、電子レンジ加熱できるような材料が使用される。また、殺菌時の耐圧性を保ちながら、開封時には小さな力で済むイージーオープン機構も考案されている。

密封は、フィルムを加熱して軟化したところを圧着する熱融着（ヒートシール）による。フィルムが融ける温度（110～200℃）に足る熱を外部から与えるが、ホットバーシール（熱板法）、インパルスシール（瞬間電流法）、高周波シール、超音波シールなどの方式がある。

第3章 缶詰、レトルト食品の特徴

1 安全性

缶詰の安全性は容器に密封すること、そして加熱殺菌を行うことによって達成される。これは腐敗や食中毒の原因となる微生物が食品中で発育することを防いでいるのと、油脂の酸化など化学的変化を阻止して変質が起こらないようにしている。そのため保存料、殺菌料、酸化防止剤などの食品添加物を使用する必要がない。

(1) 微生物の殺菌

食品を腐敗させたり食中毒の原因となるのは、目に見えない微生物の作用である。これにはカビ、酵母、細菌、ウイルスなどがあるが、缶詰など容器詰食品で問題になるのは細菌である。カビ、酵母などは比較的熱に対して弱く、加熱殺菌で死滅するが、細菌のなかには熱に対して強いものがある。とくに芽胞という休止期の細胞をつくる細菌は熱に強く、100℃の熱湯中の加熱でも死なない。

さらに、密封した缶詰では、食品中に酸素がない状態になるが、このような状態を好んで発育する嫌気性細菌が問題となる。なかでも発育して人体に有害な毒素を出すボツリヌス菌は、重篤な障害や死亡につながる危険な細菌である。したがって缶詰の殺菌は、この細菌が生き残って発育しないことを目標にした加熱条件を設定している。

細菌の発育にはpH、すなわち酸が多いか少ないか、また発育に必要な水分が利用できるかどうかの目安、水分活性の大小が関係する。したがって食品がこの条件をうまく満たせば発育する細菌も限られる。ボツリヌス菌はpH4・6超（酸が少ない）、水分活性が0・94（食塩や糖の濃度が低い）を超えると発育するので、熱によって徹底的にダメージを与える必要がある。この条件に該当する食品を低酸性食品と呼び、120℃で4分間以上の加熱が必要であることを食品衛生法の容器包装詰加圧加熱殺菌食品の製造基準に定めている。

缶詰の製造では、このような微生物の性質と熱抵抗性（耐熱性）を研究し、加熱殺菌理論に基づいた安全管理が実践されている。

(2) HACCP（ハサップ）

HACCPは、宇宙開発から生まれた安全に食品を製造するための管理方法で、危害分析重要管理点を略称したものである。

缶詰の密封、殺菌のように安全性を確保するうえで不可欠な重要な管理点（CCP）について、その危害要因をよく分析し、どのような管理が可能か基準を決めて、それを監視しながら徹底的に管理するものである。国内の食品事業者は原則としてHACCPに沿った衛生管理に取り組まなければならない。缶詰・びん詰・レトルト食品の製造業者も企業規模によって「HACCPに基づく衛生管理」もしくは「HACCPの考え方を取り入れた衛生管理」で管理する必要がある。国際的にはISO22000やFSSC22000などの規格がある。代表的な危害は、生物的（微生物による）危害としてクロストリジウム属菌（ボツリヌス菌が属する嫌気性菌の総称）・黄色ブドウ球菌・腐敗微生物など、化学的危害としてはアフラトキシン・抗菌性物質・抗生物質・残留農薬・ヒスタミンなど、物理的危害としては異物があげられる。

(3) GMP (Good Manufacturing Practice)

適正食品製造基準の略称で、製造において管理が必要な項目や要件をまとめた規範である。範囲は施設、装置、設備、製造操作、作業員の衛生管理、異物対策、汚染防止など広範囲にわたり、HACCPが一つの工程を徹底して管理するのに対して、工場施設や作業員など全般的な管理におよぶ。

HACCPが適正に運用されるには、前提として全体的な衛生管理の徹底が求められるが、GMPはまさにその役割を果たすものである。米国では低酸性食品缶詰の安全性確保にGMPが規則として大きな役割を果たしているが、日本では缶詰・びん詰・レトルト食品についてこのようなGMP規則はなく、(公社)日本缶詰びん詰レトルト食品協会が自主的なGMPとして「容器詰加熱殺菌食品を適正に製造するためのガイドライン」を制定して業界に運用を呼びかけている。同会では巻締・殺菌・品質管理(GMPを含む)・HACCPなどの技術者を養成する講習会を開催し、安全な製品づくりに貢献している。

(4) その他安全性にかかわる事項

① スズ

ブリキ容器に由来するスズについては、清涼飲料水の規格基準に150ppm以下とあるのに準拠して食品缶詰でも規制の目安としている。国際規格(コーデックス)では暫定基準として250ppmとなっているが、いずれにしても塗装缶が多く利用されるようになった現在では、このような大量のスズ溶出にいたる事例は少ない。しかし製造においては、スズの異常溶出の原因となる用水中の硝酸イオンを1ppm以下に管理することや、容器に封入される酸素をできるだけ除くなどの注意を怠ってはいけない。

② 重金属

衛生上問題となるヒ素・鉛・カドミウムなど、規制値は清涼飲料水の規格、あるいは器具容器の規格に規定されており、これを厳しく管理する必要がある。

③ 残留農薬

2006（平成18）年から新しく施行された残留農薬等ポジティブリスト制度により、799農薬等について、また、食品個々について、暫定残留基準とそれ以外のすべての成分には一律基準として0・01ppmが設定された。この基準は加工食品についても適用されるため、原料受け入れにあたっては農薬等の使用に関する記録や証明などの管理、さらに、製品の分析など厳しい管理が求められている。

④ 食品添加物

缶詰には保存料や殺菌剤を使用する必要がない。また、油脂の酸化も生じないので抗酸化剤も不要である。したがって必要な添加物は限定されるが、しょう油など副原料には二次的に混入（キャリーオーバー）する可能性があるので受け入れ管理が重要になる。ミカン缶詰の内果皮に使用される塩酸や水酸化ナトリウムも食品添加物であるが、これらは完全に除去されて製品中には残存しない。利用するもののなかには、着色料のように品質を改良するためのものが多いが、使用基準のあるものはそれを厳守、あるいはできるだけ少量使うよう心がける。

⑤ **暫定規制値**

汚染物質などについて、たとえばPCB（魚介類、遠洋沖合魚類可食部につき0・5ppm）、水銀（マグロなどを除くものに総水銀0・4ppm、メチル水銀0・3ppm）、アフラトキシン（カビ毒でピーナッツなどを対象に10・0ppm以下）、貝毒（麻痺性4MU／g以下、下痢性0・16mgオカダ酸当量／kg）などの規制値があるので、厳しく管理する。

しかし、水銀で現在問題視されているのは、この規制値よりもさらに低い量での胎児への影響であり、その結果「妊婦への魚介類の摂食と水銀への注意事項（平成17年11月2日）」が厚生労働省より発表されている。そのなかでマグロの缶詰については、通常の摂取量で問題ないことが明記されている。

⑥ **いわゆる環境ホルモン**

缶内面塗料にエポキシ樹脂を使用するため、ビスフェノールAが検出される。溶出基準については十分下回る微量で問題がなくても、いわゆる環境ホルモンとしてのリスクが問題となったことがある。これは環境、生物への影響が主であって、ヒトへの影響はまだ不明な点が多く、今後、長期にわたる試験結果を待たなくてはならない。容器では塗料の水性化、あるいはラミネート材への転換によってビスフェノールA対策が進んでいる。

2 栄 養

(1) 加熱と栄養成分

缶詰・びん詰・レトルト食品などは加熱殺菌を

するため、栄養成分の損失が大きい、あるいは残存していないなどと考えられがちである。確かにフレッシュな食品と比べると加熱による影響はあるが、酸素を除いた状態で加熱することで通常の加熱調理ほど大きくはならない。

たん白質、脂質、糖質など三大栄養成分は加熱に対して安定で、とくに脂質は酸素がない状態で加熱、保存されるため酸化がなく、有利といえる。通常の食生活で必要とする栄養供給では、ほかの加工食品や生鮮食品と比較して遜色ないといえる。逆に食物繊維は加熱で可溶化して摂取しやすくなったり、魚の缶詰が骨まで食べられるように、カルシウムは利用しやすくなったりするなど有効な供給源になっている。また、カルシウムとリンとの比率をみても、サバ・イワシ缶詰の数値はほぼ理想的な1対1~1・8を示している。

ビタミンA、D、Eなど油溶性ビタミンは熱にも強いが、水に溶け出す分も少ないので損失は小さい。とくに、トマトに含まれ、抗酸化作用など機能性が注目されるリコピンは、調理加熱や缶詰加工で利用効率が改善されており、豆類に多い葉酸も加熱損失は小さく、家庭での調理と比べて差がない。

加熱による損失が問題とされるのはビタミンCやB_1に代表される水溶性ビタミンであるが、果実野菜缶詰におけるビタミンCの損失は大部分が液汁への移行であり、液汁を利用することによって改善できる。熱による分解についてはビタミンC、B_1とも多くの研究があり、酸素や金属の影響、処理温度などを考慮することで損失を最小限にできる。これらの熱分解は、化学反応速度の研究を通してビタミンの耐熱性が細菌よりも大きいこと、また高温においてその差が大きくなることが実証されている。つまり、ビタミンを多く保持しながら細菌をより確実に死滅させるには、高温短時間殺菌（HTST）が有効であることがわかる。

(2) 注目される機能性成分

食品に含まれる生理機能成分に対しては関心が高く、有効な成分はサプリメントの形で多く製品化されているが、なかには大量摂取による安全性が危惧されるものもある。通常の食事によってバランスよく摂取することが望ましいが、缶詰にも多く含まれ健康への貢献が期待されるものを次にあげる。

① 多価不飽和脂肪酸

サバ・サンマ・イワシなど青魚やマグロ類に含まれる不飽和脂肪酸には、不飽和結合を多く含むものが多い。そのなかの一つ、EPA（エイコサペンタエン酸）は血中総コレステロールの低下、血小板凝縮能抑制（血液をサラサラにする効果）がある。また、DHA（ドコサヘキサエン酸）は脳に吸収されやすく脳の働きを活性化すること、認知症の予防などさまざまな効果が注目されている。

② βクリプトキサンチン

温州みかんの黄色色素であるカロテノイドの一種。発がんを抑制する可能性が報告されて以来、生活習慣病予防や骨粗しょう症などへの効果も注目されている。

③ リコピン

同じくカロテノイドの一種でトマトに多く含まれる赤い色素。強い抗酸化力を有し、発がん抑制、動脈硬化予防、ぜんそくに対する効果、美白効果などが注目される。

④アスタキサンチン

これもカロテノイドの一種で、サケやカニなど水産生物に含まれる赤い色素である。やはり強力な抗酸化力をもち、体内における活性酸素除去の効果、とくに、脳や目に吸収されることで疲れ目に関する効果のほか、美肌効果なども報告されている。

⑤ポリフェノール

植物に含まれる抗酸化作用をもつ環状化合物の総称。代表的なものとしては、ブドウやブルーベリーの色素であるアントシアニンがあり、視力回復、動脈硬化予防、老化予防などへの関与が知られている。茶に多く含まれるカテキン類もこれに属する成分で、コレステロールや脂質の代謝調節のほか、抗菌作用、虫歯予防にも効果があるといわれる。

また、メチル化カテキンは花粉症など抗アレルギー効果が注目されている。温州みかんの白濁原因であるヘスペリジンはビタミンPの作用をもっており、毛細血管の強化やコレステロールの低下、抗アレルギーなどの効果が報告されている。

⑥イソフラボン

大豆に多く含まれるフラボノイドで、配糖体と糖をもたないアグリコンなど数種成分を総称する。体内で女性ホルモンと似た働きをすることから、女性の更年期障害、骨粗しょう症予防などに効果があるとされる。

3 品質保証(変質原因の究明)

缶詰は加熱殺菌を行うこと、また、容器として金属を使用することから、特有の化学反応によって色や風味など品質に影響を与えるケースがある。時として消費者クレームにつながることもあるが、これまでその原因究明を通して衛生的に問題がないことが判明している。

⑴ 黒　変

カニ、サケ、マグロ、鶏肉、スイートコーン、アスパラガスなどは、シスチン・システインなどイオウ分子をもつアミノ酸を多く含む。これが加熱殺菌時に分解すると硫化水素を生成する。そして、缶のスズや鉄と反応すると硫化スズや硫化鉄ができて、内容物ばかりではなく、缶内面に黒斑が生じることがある。もちろん、衛生的には問題のないものである。

カニ缶詰での対策は、酸化亜鉛を含む塗料を使用して、硫化水素と反応しても黒くならない缶を使うことと、さらに肉を紙に包んで金属と触れないようにしている。

⑵ 青　変

エビ、カニ、イカなどは、血液中に血色素たん白としてヘモシアニンを含む。本来は無色であるが、酸素と結合して青色に変化してブルーミートという変色を生じることがある。また、ビンナガマグロでみられる青肉は、トリメチルアミン・オキサイド（ＴＭＡＯ）にミオグロビンおよびある種の還元性物質が作用して起きるものである。これらも天然成分に由来するもので衛生的な問題はない。

⑶ 紫　変

モモやブドウに含まれる赤い色素であるアントシアニンに、缶のスズが作用して紫色に変化することがある。モモの場合、着色程度が少ないモモでは缶詰加工してから徐々に還元されて脱色するが、濃い場合は、紫色の斑点が残り商品価値が低下する。

(4) 褐　変

食品中にある糖とアミノ酸が結合し、最終的に褐色の成分を生成する複雑な反応が進行する。これは酵素によらない反応であることから非酵素的褐変といい、関与する成分にちなんで糖―アミノ反応、あるいはメイラード反応とも呼ばれる。果実シラップ漬缶詰や、しょう油や砂糖を使った味付製品では糖やアミノ酸が多いため、この反応が起きやすい。果実製品の褐変の主成分はヒドロキシメチルフルフラール（HMF）、フルフラールなどである。

また、かんきつ類の果汁、イチゴジャムなどビタミンCを多く含むものは、その反応生成物による褐変もみられる。白缶（無塗装缶）では、少しずつ溶けてくるスズイオンの還元作用によってこの褐変反応を抑えることができる。

パインアップルやかんきつ類ではピンクに変色する事例があるが、これは微生物作用によって生じた糖分解物質が加熱によって発色する褐変の一種とされる。

魚肉でも解糖作用によって生じる代謝成分が同じように褐変の原因になる場合があり、とくにビンナガマグロのように白色のもので顕著になり、オレンジミートと呼ばれる。

いずれの場合も生成成分は微量であり、衛生的にはまったく問題のないものである。

(5) 白　濁

ミカンに含まれるヘスペリジン（ビタミンPの母体）がシラップ中に移行して、不溶性の結晶を析出し白濁となる。アイスクリームやドレッシングの安定剤などにも使われるメチルセルロースを添加して可溶化するか、ヘスペリジナーゼという酵素で分解する防止策がある。タケノコの白濁もしばしば問題になるが、これはアミノ酸の一種であるチロシン、たん白質、シュウ酸カルシウムなどの混合物である。外観上の問題となるだけで衛生上の問題にはならない。

(6) 結　晶

サケ、カニ、マグロ、エビ、イカなど水産製品にみられる無味・無色・無臭のガラス状の結晶で、「ストラバイト」と呼ばれている。これは、原料中に含まれる成分が化合してできるマグネシウム・アンモニウム・リン酸塩を主成分とするもので、胃酸で簡単に溶けるため人体には無害である。

(7) 膨　張

容器が膨らむ現象で、内部にガスが発生するために起こる。缶の場合、その程度によって、フリッパーやスプリンガーという軟膨張から、スエルという硬膨張まで分類できる。ガスを発生する原因として微生物学的なものと化学、物理的なものに大別される。

① 微生物学的原因

殺菌が十分でなかったか、あるいは殺菌できたのにもかかわらずその後に細菌が侵入したなど、食品中に微生物が発育してガスを出したときに起こる。硬膨張になることが多く、内容物の腐敗をともなう。食中毒にいたることは少ないが缶詰としては失格であり、このような膨張缶は廃棄しなくてはならない。

② 化学的原因

缶の腐食により鉄が溶け出すと水素ガスが発生するために、膨張を起こすことがある。鉄イオンの作用で内容物が変色したり風味が劣ったりするが、衛生的な問題はない。ただし、スズが大量に溶け出すと下痢や嘔吐などを招くことがあるので、缶の内面などを確認して、スズ面の金属光沢がなくなっているようであれば食べるのは避けたほうがよい。

化学的な反応によるもう一つのケースは、内容物に含まれる糖とアミノ酸の反応（糖―アミノ反応）によって二酸化炭素ガスが発生するもので、内容物が褐変したり、風味が劣ったりする。長期間保存した缶詰にみられ、軟膨張の場合が多い。

③ 物理的原因

内容物を詰め過ぎた、あるいは脱気が不十分で空気が多く残る場合、単に空気の体積膨張によって軟膨張につながることがある。この場合は内容物の品質、衛生的にもまったく問題はない。

(8) フラット・サワー

細菌が発育すると代謝により二酸化炭素ガスなどを発生するほか、たん白質や糖を分解して低分子の酸や揮発性成分を産生するので、酸っぱくなったり腐敗臭を出したりする。なかにはガスを発生しない細菌があって、缶は膨張せず外観ではわからないが、内容物を食べると酸味を感じる場合がある。このような変敗をとくにフラット・サワー型と呼んでおり、ミルクコーヒーやコーンスープなどにみられることがある。

原因となるのは、耐熱性が強く高温を好んで発育する細菌であるので、強い殺菌とともに、原材料に付着する原因菌の数を少なくするよう厳しい管理が必要である。

4 保存性

加熱殺菌された缶詰は、密封が損なわれないかぎり保存性は維持される。それは、微生物が発育せず腐敗や食中毒の心配がまったくないからであるが、色や味、香りといった品質に関係する成分に注目すると、ゆっくりではあるが変化をして限界に達する時点が存在する。「賞味期限」とはそのような品質面の変化を捉えたもので、主として衛生的な面から設定される「消費期限」とは異なる。たとえ賞味期限を過ぎたとしても、その缶詰を食べてはいけないというわけではない。

一般に缶詰の賞味期間は3年としているが、これは科学的根拠に基づきながら混乱を避け、業界の統一を図るため設定したものである。賞味期限は製品の特性（糖や酸、pH、水分活性など）、製品が保管される環境、とくに温度の影響によって当然幅があるが、科学的な客観的評価とある程度の幅を考慮して設定される。

この背景となった日本缶詰びん詰レトルト食品協会の研究所が行った調査データによると、主要缶詰については次のような特徴がある。

(1) 果実シラップ漬

ミカンやパインアップルなどでは、3年経ったころから品質が徐々に低下し、4年以上経つと糖

—アミノ反応による褐変が顕著になり、品質の変化が目立つ。糖と酸が多い製品はこの傾向がある。また、無塗装缶を使用するためスズの溶出が徐々に増え、目安である150ppmを超えることもあるため、商品性の限界と判定される。

モモの場合はそれよりも品質の変化がやや緩やかで、4～5年後に低下する傾向がみられる。

(2) 魚 類

サケ・サバなど水煮缶詰では、5年まではほとんど品質の変化はみられない。それ以上では缶内面の黒変や、鉄分の溶出がわずかながら増え、真空度の低下、缶臭が多少出るものがある。マグロ・イワシなどの油漬になると、製造後7、8年経ったものでも、品質は安定している。これらは貯蔵直後より一年ぐらい経過したほうが、油が肉に浸透して全体的な味のバランスが良いとされる。

魚類でも味付になると糖—アミノ反応の進行で二酸化炭素ガスが微量発生し、真空度が低下することがあるが、官能的な品質は安定しており4年程度とみられる。

(3) 野菜類

アスパラガス、マッシュルーム、スイートコーン、タケノコなどの水煮は、5年以上経ったものでも、品質の変化は大きくない。ただし、アスパラガスは4～5年後に肉質がやや軟化、スイートコーンについては、4～5年後に香味の低下が認められる。

(4) 食 肉

コンビーフなどの品質は安定しており、5年以上経っても大きな変化はないが、黒変が部分的に目立つことがある。牛肉大和煮など味付ではそれより短期間で真空度の低下が明らかとなる。

これらの品質変化の試験は通常の室温で行うと長期間を要するが、化学的な反応に帰結することが多いので、貯蔵温度を30℃以上に高くするなど反応速度を大きくして、短期間に変化を推定することも可能である。また、官能評価だけでなく、指標となる化学成分の変化、たとえばビタミンCなど栄養成分の分解や、香りに関係する成分の変化など理化学計測結果から判定することもできる。

5 経済性

缶詰は原料の産地で、出回りの最盛期に大量に買い付けて製造する。生原料の30～50%にあたる不可食部分は、飼料や肥料などに加工し、食べられる部分だけを加工して缶に詰めるので、消費者の手に渡るまでの流通経費も生鮮品よりは格段に安くなる。たとえば、サバ缶詰（ツナ2号、内容総量200g）には、生サバで体長30㎝くらいのもの一匹分350g、ミカン缶詰（4号缶、固形量250g）には生ミカン中粒のもの7個660gに相当する量が入っている（図表3―1）。

また、生鮮食品に比べ、輸送保管の費用や取扱いの人件費が少なくて済み、流通過程での腐敗や目減りによるロスもない。ほかの加工食品と比べても冷蔵・冷凍食品のように流通時のエネルギー消費が大きくないため、省エネルギーである。

6　利用価値

缶詰には約１２００もの種類があり、日常の食事の副食物や料理の素材のほか、オードブルからデザートまで料理のフルコースをすべて缶詰でまかなうこともできる。また、レストラン、飲食店、産業・学校給食などを対象とした業務用食材、中元・歳暮の贈答品セット、災害用の備蓄食品、高齢者やえん下困難者用のユニバーサルデザインフード（介護食）など広い用途があり、きわめて利用価値が高い食品といえる。それらに利用される容器の種類も多く、目的に応じた量が選択できるほか、利便性を追求した工夫が備えられている。

缶では缶切りが不要なイージーオープン蓋や、再シールが可能なリシール缶も開発された。レトルトパウチでは、電子レンジ加熱に対応できるよう高いガスバリア性と保存性を備えた透明フィルムの採用、開封しなくても自動的に蒸気を逃がす機構など、開発はさらに進んでいる。缶飲料は自動販売機による販売比率が高く、さらに缶コーヒーなどは飲み頃に加温して販売するなど消費者ニーズに応えている。この裏には高温下での品質保持や好熱性細菌の制御という難しい技術的課題が克服されてきた背景がある。

図表３－１　一缶で中さば一尾分

第４章

関連法規

1 食品衛生法

食品衛生法は食品の安全性を確保するため、食品のみではなく、添加物や器具、容器包装なども対象とした飲食に起因する衛生上の危害を防ぐことを目的とした法律である。１９４８（昭和23）年に施行され、その後社会情勢や食生活に合わせて数次の改正が行われている。昨今の外食や中食の需要増加による食のニーズの多様化や輸入食品の拡大による食のグローバル化など食を取り巻く環境変化、東京オリンピック・パラリンピックの開催による食品衛生管理の国際基準化などを踏まえ、２０１８（平成30）年に大幅に改正された。

食品衛生法では食品等に対する規制として、腐敗したものや有毒なもの、腐敗微生物に汚染されたもの、不潔なものや異物混入したものなど、人の健康を損なうおそれがあるものは製造や輸入、販売等が禁止されている。食品等の衛生を確保するため厚生労働大臣は、製造等についての具体的な規格基準や製造過程における衛生上の危害の発生を防止するために、とくに重要な工程を管理するための衛生管理基準（ＨＡＣＣＰに基づく衛生管理基準）を定めている。また、製造や輸入、販売等の営業を行う場合の許可営業種や施設基準などについても定めている。ここでは缶詰・びん詰・レトルト食品などに関連深い項目について紹介する。

食品、添加物の規格基準のうち、①清涼飲料水、②食肉製品、③魚肉練り製品、④容器包装詰加圧加熱殺菌食品、⑤器具および容器包装材質別規格（金属缶、ガラス、合成樹脂）、⑥器具および容器包装用途別規格（清涼飲料水、容器包装詰加圧加熱殺菌食品）などが関連するが、なかでも④が缶詰・びん詰・レトルト食品にとってもっとも重要な規格基準である。

このなかで成分規格としては、「当該食品中で発育しうる微生物が陰性であること」と規定し、その確認方法として「35℃で14日間の恒温試験と細菌試験法」を規定している。製造基準としては、次のようなものがある。

・原料の鮮度、品質が良好であること、十分洗浄すること
・保存料、殺菌料は使用しないこと
・密封は巻締かヒートシールによること
・加熱殺菌は自動温度計付き殺菌機で行い、記録を3年保管すること
・食品中で発育しうる微生物を死滅させるのに十分な殺菌をすること
・pHが4・6を超え、かつ、水分活性が0・94を超える食品にあっては、中心部の温度を120℃で4分間同等の効力を有する殺菌をすること

これは、低酸性食品の定義とボツリヌス菌のリスクを想定した規定で、10℃以下で保存するもの（要冷蔵食品）、ボツリヌス菌接種試験（食品にあらかじめ培養したボツリヌス菌芽胞を加え、殺菌して菌が発育するかをみる試験）により毒素産生が認められないものにあってはこの限りではない。

・加圧加熱殺菌の冷却に水を用いるときは、流水（食品製造用水）、または遊離残留塩素1・0ppm以上含む水で絶えず換水しながら行うこと

・製造に使用する器具は十分に洗浄、殺菌したものであること

容器包装にも規格基準が定められており、金属・ガラス・合成樹脂（プラスチックなど）について材質試験、溶出試験などの規格基準が設けられている。また、合成樹脂については、使用する物質についてポジティブリスト制が採用され、リストに収載された物質のみ使用が可能である。

2 JAS法（日本農林規格等に関する法）

JAS法は、日本農林規格（JAS規格）に基づいて品質を保証しJASマークをつけることができる任意法である。日本農林規格制度では、農林水産大臣が食品・農林水産物について、次の規格をそれぞれ制定する。

・品質の基準を定めた規格
・生産プロセスや流通プロセスを定めた規格
・取り扱う事業者の栽培管理や輸送管理などを定めた規格
・取り扱う事業者の経営管理方法を定めた規格
・成分の測定方法などの試験方法を定めた規格

これら規格に適合した製品もしくは事業者に対する証として、任意でJASマークをつけることができる。

このうち品質の基準を定めた缶詰・びん詰・レトルト食品に関連する規格については、農産物缶びん詰・畜産物缶びん詰・水産物缶びん詰・豆乳類・にんじんジュースおよびにんじんミックスジュース・トマト加工品・ジャム類・果実飲料・炭酸飲料・

そしゃく配慮食品の10品目が制定されている。農産物缶びん詰を例にみてみると、内容は香味、肉質、形態、色沢などの品位・使用が認められている原材料と食品添加物、異物、内容量、容器の状態について基準が定められている。

缶詰では主に品質について香味、色沢、形態など、さらには原材料、食品添加物、異物、内容量、容器の状態などを規定している。

これとは別に「生産の方法についての基準」として、有機農産物および加工品、生産情報公表品目や熟成ハム・地鶏肉など14品目16規格、「流通方法」について低温管理流通加工食品が制定されている。

JAS規格が定められた品目について、規格に適合していると判断することを格付けという。格付けは民間の登録認証機関が認証した製造業者が、みずから格付けしてJASマークをつける制度になっている。製造業者が認証を受けるときは、工程の管理や製品がJAS規格に適合するかどうかの検査を行う能力が問われるが、同じ能力を有するなら販売業者や輸入業者にもその資格がある。また、登録認証機関についてもISO/IEC 17065に該当する法人であることが求められる。缶詰・びん詰の場合は食品環境検査協会が登録認証機関にあたり、その認証を受けるには日本缶詰びん詰レトルト食品協会が行っている主任技術者講習会（巻締、殺菌、品質管理など）を履修した者が必要となる。

3 食品表示法

(1) 食品表示法

食品表示法は、食品衛生法・JAS法・健康増進法で規定されていた表示に関する部分を統合した法律で、2015（平成27）年に施行された。三法が一元化されている関係で、食品の表示により食品を摂取する際の安全性および一般消費者に自主的かつ合理的な選択の機会を確保することを目的としている。食品表示上の「食品」とは、医薬品・医薬部外品・再生医療等製品を除くすべての飲食物で酒類も含まれる。

なお、具体的な表示事項や表示方法については食品表示基準（府令）で定められており、食品関連事業者は食品表示基準に従った表示を行い、食品を販売しなくてはならない。食品関連事業者とは食品の製造、加工もしくは輸入を業とする者または食品の販売を業とする者を指す。

(2) 食品表示基準

食品表示基準では、表示のルールが食品の分類や流通形態によりそれぞれ定められている。食品の分類は「加工食品」「生鮮食品」「添加物」の3つに区分され、流通形態は「一般用」「業務用」の2つに区分されている。区分のなかで「義務表示（横断的義務表示、個別的義務表示）」「義務表示の特例」「推奨・任意表示」「表示の方式等」「表示禁止事項」といった順で必要な表示事項や守らなければならないことなどが規定されている。

表示については、食品衛生法で規定されていたアレルゲン、消費・賞味期限など、国民の健康の保護を図るための「衛生事項」、ＪＡＳ法で規定されていた原材料や原料原産地など、食品の品質に関する表示の適正化を図るための「品質事項」、健康増進法で規定されていた栄養成分の量および熱量など、国民の健康の増進を図るための「保健事項」から成る。

消費者向けに販売される缶詰の表示は、加工食品のなかの「一般用加工食品」に該当する。缶詰の場合、必要な表示は、すべての加工食品に共通する横断的義務表示事項と缶詰特有の表示となる個別的義務表示事項である。横断的義務表示事項は、以下のとおりである。

・名称……一般的な名称を記載し、個別的義務表示事項で名称が決められている場合はそちらに従う
・原材料名……食品添加物以外の原材料を重量の割合の多い順に一般的な名称で記載
・添加物……食品添加物に占める重量の割合の多い順に原材料と明確に区分して記載。食品添加物の表記方法は通知「食品表示基準について」に従う
・原料原産地名……原材料に占める重量の割合がもっとも多い原材料の原産地を記載
・内容量……内容重量はグラム（g）、キログラム（kg）、内容体積はリットル（ℓ）、ミリリットル（mℓ）等で計量法の規定に従って表示する。缶詰やびん詰など固形物に充填液を加えたものは固形量・内容総量で記載
・賞味期限……年月日で表示するが、賞味期間が3カ月を超えるものは年月の表示でも可。品質が急速に変化しやすい場合は消費期限表示となる
・保存方法……缶詰やレトルト食品など常温で保存すること以外に、その保存方法に関し留意すべき特段の事項がないものは省略できる

・その他……アレルゲン、遺伝子組換えに関する事項、L‐フェニルアラニン化合物を含む旨、原産国名などの表示については、該当する場合のみ記載が必要
・食品関連事業者……表示内容に責任を有する者の名称および住所を記載
・製造所……製品を製造した事業者の名称および所在地を記載。輸入品の場合は、輸入業者の名称および所在地を記載
・栄養成分表示……熱量、たんぱく質、脂質、炭水化物、食塩相当量を記載

個別的義務表示事項については、食品特有の表示事情を定めたものになるので、図表3―2のように白桃缶詰（農産物缶詰）を例にすると、形状や果肉の大きさ、使用上の注意といっ

図表3－2　白桃缶詰の一括表示例

名　称	白もも・シラップづけ（ヘビー）
形　状	二つ割り
果肉の大きさ	缶底上段に略号で記載 （Lは大、Mは中、Sは小）
原材料名	白もも（国産）、糖類（砂糖、ぶどう糖）/ 酸味料、酸化防止剤
固形量	250g
内容総量	425g
賞味期限	缶底下段に記載
使用上の注意	開缶後はガラス容器に移しかえて下さい。
販売者	○○株式会社 ○○県○○市○○　○－○－○
製造所	△△株式会社 △△県△△市△△　△－△－△

栄養成分表示（100 g あたり・液汁を除く）	
エ　ネ　ル　ギ　ー	356kcal
た　ん　ぱ　く　質	0.5g
脂　質	0.1g
炭　水　化　物	20.6g
食　塩　相　当　量	0.01g

た表示事項が定められている。なお、製品によって必要な個別的義務表示事項は異なるので、注意が必要である。

表示の方式は、邦文で読みやすく理解しやすい用語を用いて、容器の見やすい箇所に背景と対照的な色で表示をすることが定められている。表示に用いる文字の大きさは、容器包装の表示可能面積が150㎠を超えている場合は、8ポイント活字以上と指定されている。

4 健康増進法

健康増進法は、国民保健の向上を目的に①国民の健康、栄養調査、②市町村による生活習慣相談などの保健指導、③特定給食施設における栄養管理、④受動喫煙の防止、⑤特別用途食品における特別用途表示などについて規定するものである。このうち食品製造業者に関連するのは⑤である。

特別用途食品は、消費者庁長官の許可または承認を受けて、乳児・幼児・妊産婦・病者等の発育、健康の保持・回復等に適するという特別の用途について表示をして販売する食品のことである。特定保健用食品（トクホ）についても特別用途食品として位置づけられている。

現在、特別用途食品の種類としては、病者用食品（低たんぱく質食品、アレルゲン除去食品、無乳糖食品、総合栄養食品、個別評価型病者用食品）、妊産婦・授乳婦用粉乳、乳児用調製乳（乳児用調製粉乳、乳児用液状乳）、えん下困難者用食品（えん下困難者用食品、とろみ調整用食品）、特定保健用食品がある。

5 計量法

経済産業省が所管するもので、商取引、取締、学術研究、生産管理、スポーツまで幅広い計量、単位などを規定する法律である。缶詰なども商品の販売にかかわる計量として、製品に表示する内容量については、その単位と表示量と実際の量の誤差範囲はこの規定に従わなくてはならない。

6 不当景品類及び不当表示防止法（景表法）並びに表示に関する公正競争規約

景表法は、公正な競争を確保し、一般消費者の利益を保護するために不当に顧客を誘引したり、公正な競争を妨げるおそれのある表示を禁止したりするものである。これに基づいて各業界では表示に関する自主的な業界ルールを定め、公正取引委員会の認定を受けた公正競争規約を設けている。

缶詰・びん詰については全国食品缶詰公正取引協議会が「食品缶詰の表示に関する公正競争規約」を運用しているが、ほかにも関連する協議会が果実飲料、トマト加工品、コーヒー飲料などを制定している。規約では必要な表示事項として次のようなものがあり、食品表示基準とも関係している。

- 品名等
- 原材料の種類名
- 原料の配合割合
- 内容量
- 事業者名と住所
- 賞味期限

・保存方法

さらに任意表示事項として次のことを規定している。

・商品名
・特選など
・消費量（○人分）
・図柄
・表示禁止事項

本規約は任意であるが協議会会員に対しては拘束力のあるもので、食品表示法だけでは対応できない、より詳細な表示規定として機能している。

第5章 缶詰の生産と輸出入

1 わが国の缶詰生産

わが国における缶・びん詰は、ほぼ全国の都道府県で製造されている。その生産量は約270万tであり、個数にすると130億個程度になる。種類別にみると、飲料缶詰（果実・野菜飲料、コーヒー、茶飲料など）がもっとも多く240万t、次いで、水産缶詰が10万t強、以下、果実缶詰3万t弱、調理・特殊缶詰（カレーなどの調理品、スープ、水ようかんなどの菓子類）約4万t、野菜缶詰3万t強、食肉缶詰1万t弱などとなっている。以上は丸缶（内容積が100mℓ〜3090mℓの円筒型・角型・だ円型の缶詰）の生産である。これに、18ℓ容量の大缶製品3万t、びん詰5万tを加えたのが近年の生産量である。

品目別に缶詰の生産動向をみると、およそ次のような状況となっている。

(1) 水産缶詰

わが国が世界有数の水産、漁業国であることを背景に、伝統的に缶詰産業の発展を支えてきた。世界の海から獲れる豊富な原料資源を使って、輸出用と国内販売用の缶詰が盛んに生産されてきた。しかし、1975（昭和50）年以降の国際漁業規制の強化により原料調達が困難になったことに加えて、エネルギーをはじめ諸資材・労務コストの上昇が相次ぎ、缶詰の製造コストを引き上げている。また、円高の定着によって、缶詰の輸出が大きく後退したため大量生産方式によるコストダウン策が通用しづらくなってきている。

今日では、生産物のほとんどが国内販売向けである。代表的な品目は、マグロ類（ツナ）、サバ、イワシ、サンマ、サケ、ホタテ貝、赤貝、カニ、イカである。

(2) 果実缶詰

代表的な品目は、ミカン・モモだが、いずれも生産が漸減傾向にある。その他の品目には、甘夏、サクランボ、クリ、フルーツサラダなどの混合果実、フルーツみつ豆などがある。かつて盛んに輸出も行われていたミカンやモモの缶詰は、今日では国内生産をはるかに上回る量の輸入がなされている。パインアップル、ミックスドフルーツなど多くの果実缶詰の輸入も同様である。輸入原料の使用比率も高まっており、また、缶詰から透明容器詰製品への生産移行が目立ってきている。

(3) 野菜缶詰

丸缶の主力品目は、スイートコーン、トマト、ゆであずきなどであり、18ℓ容量の大缶ではタケノコ、トマト（ケチャップ等）が、びん詰ではエノキ茸、漬物などがある。

国内の農業生産構造が変貌し、加工原料の供給が困難になっているため、輸入原料の利用、さらには輸入製品の増加を招いている。また、果実缶詰と同じように、缶詰から透明容器詰製品への生産移行が目立っている。

(4) 食肉缶詰・調理・特殊缶詰

食肉缶詰の代表的品目は、ウズラの卵、コンビーフ、ヤキトリ、牛肉味付、マトン、馬肉などである。輸入品は、ランチョンミートが主体である。

調理・特殊缶詰の代表的品目は、カレー、ミートソース、その他のパスタソース類、調味ソース、スープ類、水ようかんやプリンなどの菓子類、赤飯・五目飯やおかゆなどの米飯類、おでんなどがあり、バラエティーに富んでいる。

カレーなどの調理品やソース類では、業務用の製品も数多く生産されている。家庭用、業務用製品ともレトルト食品への生産移行がみられる。

(5) ジャム類

びん詰を中心に、業務用で18ℓ容量の大缶、若干量の丸缶製品がある。イチゴジャムとブルーベリージャムが主要品目になっている。その他に、オレンジマーマレード、アンズジャムやミックスジャムなどが生産されている。

原料は輸入冷凍品が主に使用されている。

2 世界の缶詰生産

水産缶詰では、アメリカ、タイ、スペイン、エクアドルなどツナ缶詰生産の多い国が主要国になっている。イワシ缶詰はモロッコやタイ、サバ缶詰は日本やタイでの生産が多い。

果実缶詰では、中国を筆頭にアメリカ、タイ、ギリシャ、スペイン、南アフリカ、フィリピンなどが主要生産国である。主要品目はパインアップル、モモ、ミックスドフルーツだが、ミカンの生産も中国やスペインで多くなっている。

野菜缶詰では、トマト加工品（ピューレ・ペースト、ソース、ホールやクラッシュスタイルのピールドトマト）とスイートコーン缶詰の生産が多いアメリカ、イタリア、スペイン、ポルトガル、トルコ、中国、タイなどが生産上位国になる。

食肉缶詰は、コンビーフやハム、ランチョンミートが主要品目であり、アメリカ、ドイツ、デンマーク、ブラジル、アルゼンチン、オーストラリア、中国などが生産上位国になっている。

調理缶詰では、スープを主体にシチュー、カスレなどの各種民族料理など多様な品目があり、スープの生産が多いアメリカが主要生産国になる。

缶詰は世界の国々で盛んに生産されており、品質を劣化させることなく常温で長期間保存できる特性から、世界中のほとんどの国で缶詰が消費されている。まさに、缶詰は人類にとって、かけがえのない加工食品の一つだといえよう。

3 缶詰の輸出入

(1) 缶詰の輸出

輸出はわが国缶詰産業の発展を支えてきた重要な因子であるが、その量は1980（昭和55）年の43万tをピークに漸減している。

今日では、WFP（国連世界食糧計画）援助物資などを除けば、民間貿易輸出はわずかになっている。原材料や労務コストの上昇が製造経費を押し上げているところに円高相場の定着が重なって、国際競争力が低下したための輸出後退である。かつて生産物の大半が輸出されていたサケ・マス、マグロ、サバ、イワシなどの水産缶詰も、今日ではほとんどが国内販売向け生産になっている。

(2) 缶詰の輸入

缶詰の輸入は輸出とは対照的に増加してきた。輸出を後退させる因子となった製造経費や為替の動きが逆に輸入増をもたらす因子として働いているほか、関税率引下げや輸入制限品目の削減（自由化）などがあったための輸入増である。

年間缶詰輸入は65～70万tに達しており、その量は国内食料缶・びん詰生産（輸入、生産とも飲料を除く）の2倍強に達している。果実と野菜缶詰が、それぞれ総輸入の40％前後を占めているが、水産缶詰の輸入も全体の約10％を占め増加傾向にある。

輸入の多い品目は、果実缶詰ではモモ、パインアップル、ミカン、ミックスドフルーツであり、野菜缶詰ではタケノコ、ピールドトマト、スイートコーン、トマトピューレ・ペースト、マッシュルームである。水産缶詰ではツナ（マグロ・カツオ）が多い。また、ミートソース等のソース類缶詰の輸入も6万t程度となっている。

なお、輸入にはトマトピューレ・ペーストのように最終商品としてではなく、ケチャップ等の原料として利用されているものや、タケノコのように国内で18ℓ缶から袋詰等に小分け包装されているものなど、原料タイプの製品も多く含まれている。カップ詰フルーツゼリー等の原料になる果実缶詰と、野菜缶詰において原料として利用される比率が高い。

缶詰の輸入は60カ国を超える国からなされているが、そのなかでも中国からの輸入が全体の40％弱を占めている。次いでタイ、イタリア、アメリカ、南アフリカ、インドネシア、フィリピン、オーストラリアなどが続いている。近年ではタイからの輸入が増えている。

第６章 缶詰の流通と国内消費

1 缶詰の流通

一般的な缶詰の流通は、製造業者↓ブランドオーナー（販売元・元卸）↓仲卸（２次問屋・業務用専門問屋）↓小売店（量販店・百貨店・業務用の場合の実需者）の経路をとる。

ブランドオーナーとは、缶詰のブランド（商標）の所有者のことで、実際には、大手食品企業であったり、大手問屋であったり、中堅缶詰企業であったりする。

缶詰産業は商社にその販売をゆだねる輸出により発展した経緯もあって、国内販売が多くなりだした昭和30（１９５５）年代以降も、製造業者は相手先ブランドでのＯＥＭ生産が一般的に行われ、販売を食品問屋等のブランドオーナーにゆだねるという構図ができあがっていった。同年代の加工食品は缶詰が代表的な時代であり、食品問屋の取扱い中心品目も酒類とならび缶詰が中心であったので、問屋等がみずからのブランドでの缶詰販売を積極的に行うことになったのである。輸入品との競合も少なく、供給が過少気味であったため、市場は供給者主導で形成されていったことも影響しているといえる。

昭和40～50（１９６５～75）年代に入ると、スーパーなどの量販店が末端小売市場の支配力を高めていったこと、新タイプの加工食品が輩出したこと、運送・保管など流通インフラの整備が急速に進んだことなどが重なって、流通事情が大きく変化した。供給面では過剰の時代に突入し、加工食品同士の競合も激化していった。このような情勢下で食品問屋での缶詰取扱い比率が低下しだしたが、逆に中堅の缶詰製造業者等が自己ブランドでの販売に力を入れていくことになった。

少子高齢化が急速に進んでいる今日の市場は、消費者の商品選択基準がいっそう多様になっており、過剰供給構造は変わっていない。当然、市場はより消費者主導型の色合いを濃くしており、〝作ったものが売れた時代〟から〝売れるものを作らなければならない時代〟にほぼ完全に移行している。他方、GMS（General merchandise store）と称される総合スーパーや量販店等は、プライベートブランド製品の取扱いを拡大しており、製造業者またはブランドオーナーが直接GMSと供給体制をとる場面も増えてきている。

物流面では、輸配送の効率を高め、トータルコストを引き下げる効果が見込める「共同配送システム」の採用が増加している。このシステムでは、荷主と配送業者が出荷指示データをオンラインで受発信し、そのデータを基に配車データを作成し、登録地域別の運送コースへ自動で振り分け、正確で効率よい配車作業を行うというものである。人・物・金・時間などの物流資源を最大限効率的に使うことでコストダウンが図られている。

2 缶詰の国内消費

国内消費の多い缶詰は、ツナ（約8万t、以下、数量は概数）、タケノコ（7万t）、トマト加工品（ピールド主体、17万t）、スイートコーン（8万t）、ミカン（7万t）、モモ（5万t）、パインアップル（3万t）、ミートソース（3・5万t）、混合果実類（2万t）、サバ（5万t）が上位10品目であり、クリ・イワシ・ゆであずき・スープなどが1万t台の消費で続いている。消費量の多いこれら缶詰では、サバ・クリ・イワシ・ゆであずき・スープを除いて、輸入品の供給が国産品を上回っている。

第７章

主な缶・びん詰製品のプロフィール

１ 水産缶詰

わが国での水産缶詰生産品目数は、世界でもあまり類をみないほどに多く、多彩な製品が市場に流通している。世界的には、ツナ（マグロ・カツオ）、サケ、イワシ、サバが代表的な品目になっているのに対して、わが国では上記品目はもちろん、イカ・カニ・貝類の甲殻軟体類をはじめサンマ、クジラ、シシャモ、ウナギ、昆布巻きなどの製品も作られている。

調味形態別では、水煮がもっとも多く、次いで油漬、味付、野菜煮の順になっている。製品には、サバやイワシなどの魚体を缶に生のまま詰め、水煮などにしたものと、冷凍原料を使用したものとがある。油漬には、マグロやサバ、イワシのように蒸煮肉を詰めて油漬にしたもの、アサリ、カキのようにくん製油漬にしたものがある。油漬の油には綿実油、大豆油、オリーブ油、米油、混合油などが使用されている。また、のり佃煮びん詰もまとまった生産がみられる。市場には国産品と輸入品とが流通している。

水産缶詰の年間生産量は10万t程度。このうちもっとも多いのがサバ缶詰で、全体の50％近くを占めている。その他、ツナが30％、イワシが7％、サンマが6％、サケとカニが2％、ホタテ貝が1％といった生産構成になっている。

今日では水産缶詰の輸出は僅少になっているが、昭和50（１９７５）年代までは生産物の50％

以上が輸出されており、とくに第二次大戦期をはさんだ前後約20年間はサケ・カニ・マグロ・イワシの缶詰輸出量が多く、有力な外貨獲得商材となっていた。ところが76年ごろから、各国が200海里漁業専管水域を設定したことやタイなど水産物新興国に続々と缶詰工場が設置されたこと、為替の円高誘導政策などの影響が重なって、わが国缶詰製品の国際競争力が弱くなり、缶詰輸出が漸減している。

水産缶詰の年間輸入量は６万ｔ程度であるが、そのうちの約80％がツナ缶詰である。その他にイワシ、サケ、サバ缶詰などが輸入されている。輸入は、各国との経済連携協定（ＥＰＡ）の締結などの影響をも受けて、今後も増加していく可能性が強い。

わが国水産業の発展を支えてきたサケ・マス船団や捕鯨船団、マグロの延縄や巻網船団などが廃止あるいは縮小してきている。環境保護や資源保護を論じる声が強くなって、漁獲規制対象魚種が増えている。一方、世界的に水産物志向が高まり、需給がタイトになってきている。必然的に多くの魚種が値上がりしており、今後も上昇する可能性が強い。水産缶詰の生産・販売は、このような環境変化を事業プログラムに組み入れて行われており、今後もこれが継続されていくことになる。

(1) ツ　ナ

[種　類]

マグロ類とカツオの缶詰を総称して「ツナ缶詰」といわれる。原料魚種別では肉色が白いビンナガマグロを使用した「ホワイトミート」と、魚肉が淡紅色のキハダ・メバチ・カツオを使用した「ライトミート」とがある。なお、カツオはキハダやメバチと区分して「カツオ」と称されるのが一般的である。種類別の市場流通構成比は、キハダ等のライトミートが約65%、カツオが30%、ホワイトミートが4%弱である。

缶に詰められる魚肉の形状別では、「ソリッド（魚肉が大きな塊になっている）」「チャンク（魚肉が一口大に切断されている）」「フレーク（魚肉が小片にほぐされている）」がある。フレーク製品がもっとも多く、市場流通量の約90%を占める。チャンクとソリッドで10%程度の市場を占有している。

調味形態別では、「油漬」「水煮」「味付」「調味料漬」などがあるが、多いのは前三者である。「油漬」に使用される油には主に大豆油が使われ、その他には綿実油、オリーブ油などがある。

一缶当たりの容量別では、185g（ツナ2号）缶、100g（平3号）缶、80g（ポケット4号）缶などがツナ缶詰によく使われる缶型である。大容量のツナ2kg缶やツナ1号缶は主要利用先の業務筋において、1kg容量のレトルトパウチ（袋）の利用に変えている影響を受けて減少しており、家庭向けの小容量のポケット4号缶やツナ3号缶の比率が上がる傾向にある。また、家庭用製品のほとんどは、缶切りのいらないイージーオープン蓋（EOエンド）になっている。

［歴史寸描］

1905（明治38）年にわが国で初めてツナ缶詰が試作されたという記録があるものの、静岡水産試験場の村上芳雄により商業生産に道が拓かれた1928（昭和3）年が、わが国ツナ缶詰生産の最初といえる。翌年にはアメリカに輸出され好評を得、輸出缶詰として産業の地歩を固めていった。本格的に国内市場の開拓に乗り出したのは昭和30年代に入ってから。1977年に国内向け生産が初めて輸出向け生産を上回った。今日では生産製品のほとんどが国内販売に仕向けられている。

［消費の多い製品］

ツナ缶詰は水産缶詰の中でいちばん多く消費されている。そのなかでキハダを原料にした「ライトミート油漬」の一缶当たり容量70～80g缶製品がもっとも多い。近年では、油分を2分の1程度にカットしたものや油を注入しない水煮や野菜スープ煮製品が増加する傾向にある。

［輸　入］

輸出が全盛だったころには考えられもしなかった輸入が開始されたのは、1983（昭和58）年ごろからである。その後、年を経るごとに輸入量が増加してきており、近年では国内供給（8万t程度）に占める輸入品の比率は60％程度（4～4・5万t程度）になっている。

主要輸入相手国は、タイ、フィリピン、インドネシアなどの東南アジア諸国である。これらの国との経済連携協定がすでに発効しており、今後も輸入は増加する環境にある。なお、輸入品には、1kg容量のレトルトパウチ食品も多く含まれている。

［利用のされ方］

家庭用にあってはサラダの材料になる場合がもっとも多く、業務用にあってはおにぎりやサンドイッチ、巻寿司などの材料として使われている。

［栄養・身体への効用］

ツナには、良質のたん白質、ビタミンB、EPA（エイコサペンタエン酸）、DHA（ドコサヘキサエン酸）がバランスよく含まれている。これらの栄養素が高血圧や高コレステロールなどの生活習慣病を抑制し、体の細胞・免疫物質をつくり、健脳作用を高め、血液をサラサラにする効果を高めることが期待される。貧血を予防する鉄分も多く含まれている。

[課　題]

漁獲量が減少していくと予測されているなかで、需要面では世界的な魚食人気の高まりを受けて増大する傾向にある。この需給バランスの変化で、魚価高、缶詰の製造コスト上昇を招く公算が強い。いっそうの商品性向上策を打っていく必要性が高まる。

豆知識01 マグロ物語
―「づけ」から缶詰まで―

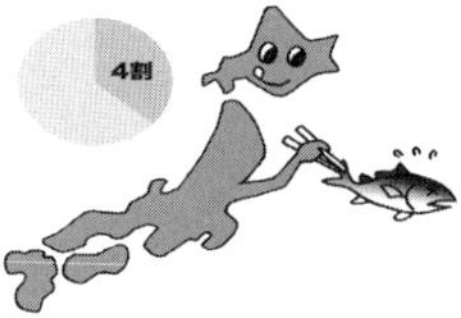

　日本人はマグロが大好き。世界で獲れるマグロの3割近くも食べている。高級寿司店から回転寿司、はたまた家庭の食卓で舌鼓を打つ、人気抜群の魚。赤身よし、トロもよし。しかし、トロが食べられるようになったのは戦後からで、赤身を刺身で食べるようになったのもそんなに時をさかのぼらない。江戸時代にはしょう油につけられた赤身の〝づけ〟がマグロの代名詞だった。〝づけ〟にしたのは、江戸人の淡白好みばかりではなく、少しばかり保存性を与えようと庶民が知恵をしぼった結果からか。缶詰はいまだなかったので。

　マグロ缶詰を最初に作ったのはフランス人で、時は1860～70年ごろだといわれている。ビスケー湾で獲れるビンナガマグロを利用して油漬にしたのだという。日本でのツナ缶詰の発祥と発展は前述のとおり。

　ツナ缶詰の輸出は、米国の関税引上げ・ビキニ環礁での水爆実験・デコンポーズの問題などで一時的に減少した時期があったものの、1980（昭和55）年まではほぼ右肩上がりで推移した。現在の輸出は、年間500t程度に減少し、その約半数がサウジアラビアに輸出されている。

(2) サケ

［種　類］

サケ缶詰には、カラフトマスを原料にした「ピンクサーモン」、紅ザケを使った「レッドサーモン」、白ザケを使った「チャムサーモン」、マスノスケの「キングサーモン」、銀ザケの「シルバーサーモン」などがある。わが国で生産しているサケ缶詰の多くは「ピンク」だが、「レッド」と「チャム」も生産されている。輸入サケ缶詰ではロシア産などの「レッド」の流通が多くなっている。

調味形態別では、魚肉を輪切り状に切断して塩水漬けした「水煮」が多くなっているが、しょう油や砂糖、味噌などの調味料で味付けした「味付」や「味噌煮」、タケノコや大根などと煮込んだ「サケ筍煮」、「サケ大根煮」などの製品も流通している。以上の製品は魚の頭と尾の部分を除去した精肉（胴）を使っているが、魚の胸びれのついている部分を使った「カマ肉」や中骨を使った「中骨」製品もある。「中骨」は、スモークサーモンなどサケ加工品の製造過程で除去された白ザケや銀ザケなどの骨を原料に使っている。

一缶当たりの容量別では、家庭用「水煮」製品の大半は185g（ツナ2号）缶と100g（平3号）缶である。また、「中骨」製品では170g（携帯）缶も流通している。なお、家庭用製品のほとんどは、缶切りのいらないイージーオープン蓋（EOエンド）になっている。

［歴史寸描］

わが国ではすべての缶詰に先んじてサケ缶詰が1877（明治10）年に初めて商業生産された。今日の姿となっている北洋のサケ・マスを利用した缶詰は1910年にカムチャツカの工場で生産開始されている。その後、工船での生産が加わって大量生産された「レッド」や「ピンク」の缶詰がイギリス、フランスなど欧州諸国に輸出された。現在では工船はなく、すべてが陸上加工されている。

〔消費の多い製品〕

「ピンク水煮」の一缶当たり容量100g（平3号）缶と185g（ツナ2号）缶が消費の大半を占めている。輸入品では「レッド水煮」の比率が高く、贈答用にも使われている。「中骨」製品は、170g（携帯）缶と185g（ツナ2号）缶が多く消費されている。

〔輸　入〕

ロシア、アメリカからの「レッド水煮」輸入が主体である。近年はタイや中国など、サケ漁のあまりない国からの「中骨」や「サーモントラウト水煮」などの輸入もみられる。

〔利用のされ方〕

サケ水煮に大根おろしやオニオンスライスをのせて、しょう油などをかけてそのまま酒の肴としたり、サラダやサンドイッチの材料、フリッターやスフレの材料、和風では鍋物の材料などにしたりと幅広く利用されている。

〔栄養・身体への効用〕

サケには、疲労回復や美肌効果が期待されるアスタキサンチン、たん白質、脂質、ビタミン、ミネラルなどの栄養素がバランスよく含まれている。また、生活習慣病を予防するとされるＥＰＡやＤＨＡが豊富。魚缶詰全般の特長だが、カルシウムが吸収されやすい形で豊富に含まれている。

豆知識02
サケ物語
—カエサルが名付け親—

サケは河川より出で、大洋で生育成長し、再び生まれた河川をさかのぼって産卵し、一生を終える。英語でSalmon、フランス語でSaumonとつづられ、跳躍という意味をもつ。紀元前50年ごろ、かの有名なカエサルが名付けたという。彼がゴール地方に遠征したとき、激流を跳びはねながらさかのぼっていくサケを見て「Saumon」と言ったのが魚名の由来になる。この魚と躍動感を結びつけているのはカエサルばかりではない。サケ缶詰のラベルに魚体の尾部を跳ね上げた図柄が多用されているのは、多くの人にサケの躍動感が共有されているからであろう。

わが国でサケ缶詰が初めて製造されたカムチャツカの工場に、アメリカから自動製缶機械と自動缶詰機械が導入され、わが国初のサニタリー缶による缶詰量産化体制がとられた。1929（昭和4）年には工船サケ缶詰の生産が開始され、サケマス缶詰生産が飛躍的に伸び、輸出量も増大していった。工船でのサケ缶詰生産は77（昭和52）年で終了したので、現在のサケ缶詰はすべて陸上の工場で生産されている。

(3) イワシ

［種　類］

イワシ缶詰には、中くらい以上（中羽、大羽）のマイワシを原料にした「味付」「味噌煮」「蒲焼」「油漬」「トマト漬」「梅肉煮」「南蛮漬」「水煮」など多彩な調味スタイルの製品がある。また、20～30gの小さなマイワシやカタクチイワシを乾燥、油《ゆ》煠《ちょう》※して油漬にした「オイルサーディン」は根強い人気をもった製品である。塩漬けしたカタクチイワシを原料に油漬にした「アンチョビー」製品もある。

一缶当たり容量別では、だ円型のアルミ製100g（缶呼称・だ円6号）缶がもっとも多く、「味付」「味噌煮」「トマト漬」などの製品によく使われている。角型の100g（角3B）缶は「蒲焼」「オイルサーディン」に多用されている。100gを超える容量では、180g（携帯）缶がだ円6号缶の次に多くなっている。家庭用製品の多くは、缶切りのいらないイージーオープン蓋（EOエンド）になっている。

※油煠：115～120℃の油中に3～4分間、乾燥したイワシを浸して処理する。

［歴史寸描］

わが国で缶詰の試作が開始されたのは1871（明治4）年で、試作品はイワシ油漬であった。商業生産は、イワシトマト漬缶詰で1925（大正14）年に開始され、その後、長崎・函館・銚子を中心に輸出向け缶詰として年々生産を伸ばしていった。ただ、イワシの漁獲が不安定で、周期的に豊漁期と凶漁期が訪れるため、何年も缶詰生産が途切れることも珍しくなかった。現在では、漁獲もやや回復傾向にあるため、製品供給が途切れるようなことはなくなっている。

［消費の多い製品］

180g（携帯）缶の味付製品がもっとも多く流通している。近年は、中性脂肪を低下させたり血行を良くしたりするとされる健康効果の高いDHAやEPAがイワシに多く含まれていることが広く知られるようになったことに並行して、さまざまな調味スタイルの製品が消費されるようになっている。

［輸　入］

ノルウェー産の「オイルサーディン」は、わが国市場での流通歴が長く有名な製品である。近年ではタイなどからの輸入もみられる。

［利用のされ方］

味付製品を素材にした簡単な〝イワシ柳川風〟や、「オイルサーディン」はカナッペなどオードブルやサラダの材料として便利である。

［栄養・身体への効用］

魚に特有の脂肪酸であるDHA（ドコサヘキサエン酸）とEPA（エイコサペンタエン酸）が、とくにイワシなどの青魚に多く含まれている。DHAやEPAは熱によって壊れることもなく、缶詰も生のものも含有量に差が出ない。

［課　題］

マイワシは、豊漁期と凶漁期をある程度の期間をおいて繰り返してきており、長期的な計画生産に合わせて安定的に原料を確保する方策を常に講じておく必要がある。

豆知識03 イワシ物語
―数奇な魚はEPA、DHAの宝庫―

一般にイワシといえばマイワシを指す。冬は日本の南方、夏は北方へと大群で移動する。移動は敵から身を守るために群れを凝縮させ、巨大なラグビーボール状の集団を作って行われる。「鰯」と表記されているほどで、多くの魚の餌になるなど弱小の身ゆえの集団防衛行動だろう。涙ぐましい自己防衛努力にもかかわらず、イワシはある時期を境に忽然と姿を消して幻の魚になったりする。

イワシ類は資源量が周期的にもっとも大きく変動する魚である。マイワシでいうと、1936（昭和11）年の漁獲量は160万tであったが、その後激減して65年には9千tまで減少。88年にはピークとなる450万tを記録したものの、2005（平成17）年には2・8万tまで激減した。08年以降徐々に回復しており、近年は50万t程度まで増えている。

Packed like sardines と〝すし詰めになった〟状態を形容する言葉がある。イワシ缶詰は、何尾も横臥するように詰められており、魚肉にはDHAやEPAが凝縮されている。これら多価不飽和脂肪酸は血行を良くし脳を刺激するとされ、若さを保ち頭が良くなるといわれる優れもの。こんなイワシ缶、いつでもそばにいてくれたらうれしい。日本で初めて缶詰が作られたのは1871（明治4）年だが、その缶詰はイワシ油漬であったことが示しているとおり、イワシ缶詰は日本でもっとも古くからある缶詰なのだから。

(4) サバ

[種類]

サバ缶詰の原料には、体の横断面がだ円型で体側上半部の斑紋が明瞭なマサバと、体の横断面が丸いゴマサバが多く使われ、その他に北欧産の輸入品が使われている。とくに黒潮の内側を回遊し、秋に三陸など太平洋岸で獲れる脂ののった秋サバを使った缶詰には、海域と漁獲期を強調し差別化を図った製品もある。

調味形態別では、「水煮」「味付」「味噌煮」「油漬」が代表的であり、その他に「照り焼き」「しそ味」「トマト漬」などの製品がある。「油漬」は中近東向けの輸出が多い。

一缶当たり容量別では、170g（缶呼称・携帯）缶と190g（6号）缶が多いが、「照り焼き」などは角型の100g（角5A）缶がよく使われている。家庭用製品の多くは、缶切りのいらないイージーオープン蓋（ＥＯエンド）になっている。

［歴史寸描］

試験的生産を別にすれば、１８９４〜95（明治27〜28）年の日清戦役軍需缶詰として作られたのがサバ缶詰生産の始まりといえる。第二次大戦期までは軍需用がほとんどだったが、１９５０年代後半の漁獲量急増と並行する形でサバ缶詰の生産が急激に増加、65（昭和40）年に５００万箱（約6万ｔ）を突破、68年には1千万箱（約13万ｔ）、71年には１５００万箱（約21万ｔ）、ピーク時の80年には１７００万箱（約24万ｔ）をそれぞれ超えるまでにいたった。このころ生産物の90％以上は輸出に仕向けられており、輸出相手国は１００カ国を超えていた。

ところが、85年のプラザ合意を機にした円為替の急騰で輸出競争力が低下、かつての有力輸出相手国だったフィリピン、パプアニューギニアなどが自国生産保護政策に転じたこと、サバの漁獲量が大きく後退したなどの要因が重なって、缶詰生産が減少した。

近年のサバ缶詰生産は、4〜5万ｔで、サバ缶詰ブームもあって水産缶詰のなかではもっとも生産量が多い。なお、今日では商業的輸出は「油漬」を除いてほとんど行われていない。

［輸　入］

需要増加にともない、タイや中国からの輸入がみられる。

［利用のされ方］

「水煮」はハンバーグやカレー素材としてや、鍋物の材料など和洋中を問わず多くの料理に使われている。「味付」「味噌煮」は、そのまま手軽なおかずとしても利用されている。

[栄養・身体への効用]

サバには良質のたん白質、ビタミンBのほか、魚に特徴的な脂肪酸のDHAとEPAが、とくにサバなどの青魚に多く含まれている。両者とも熱によって壊れることがなく、缶詰と生のものとの間で含有量の差が出ない。当然、サバ缶詰にはカルシウムも吸収されやすい形で豊富に含まれている。

豆知識04 サバ物語
―「サワ」って言うんだ ホントはね―

富山の人「富山ではサバをサワと呼んでいる」
東京の人「どうしてサワになるの」
富山の人「神武紀に〈忍坂の大室屋に人多（さわ）に来入り居り〉という記述がある。この多（さわ）は〈大勢、たくさん〉を表現している。サバは産卵期前後に大群で遊泳する、まさに多（さわ）なのだ。また、新井白石も〈多く集まるからサハと呼ばれ、それがサバになった〉と言っている。サバの語源はサワ（多、沢）なんだよ」
東京の人「恐れ入りました。確かにサバは群れを成しているから巻き網でも獲られる。今後はサワと呼ぶことにしようか」

サバ缶詰はもちろん、イワシ缶詰同様、EPA・DHAを豊富に含んでいる。サバ缶詰の利用がお勧めだ。

(5) サンマ

[種　類]

北部太平洋のサンマは、8月ごろに千島近海を群遊し、9月ごろから南下を始める。缶詰原料となるのはこの南下魚である。漁期が資源保護のため8月から12月中旬までに定められていたが、長引く不漁対策として、2019（平成31）年から農村生産者には通年操業を認めている。

調味形態別では、「蒲焼」「味付」「水煮」の製品があるが、主要品目は「蒲焼」で全体の60%見当を占めている。青魚3魚種（イワシ・サバ・サンマ）それぞれの漁獲状況が、「味付」や「水煮」の生産を増減させることもある。

一缶当たり容量別では、主要製品の「蒲焼」に多く使われている角型の100g（缶呼称・角5A）缶が主体になっている。「味付」と「水煮」については、円筒型の180g（携帯）缶が多く使われている。缶切りのいらないイージーオープン蓋（EOエンド）になっている製品が多い。

[歴史寸描]

第二次大戦前のサンマ漁法は流し網漁主体で、漁獲量が少なかったため、サンマ缶詰の生産は僅少であった。1948（昭和23）年ごろから集魚灯利用の棒受網漁法に変わって、漁獲量が増加したのと並行して缶詰生産が本格化している。

[利用のされ方]

「蒲焼」はそのまま蒲焼丼の素材や酒の肴として使われているほか、卵巻きや揚げ物の材料としても利用されている。

[栄養・身体への効用]

サンマは夏バテを解消する効果がある。ビタミンA、ビタミンB_{12}が豊富で、カロリーも高い魚ということがその理由になっており、気軽に医者にかかれなかった時代には療養食の一つに挙げられていたほどである。

ビタミンA、ビタミンB_{12}は加熱で壊れることも少なく、缶詰と生の含有量はさほど変わりない。ＥＰＡやＤＨＡ含量も多い。

豆知識05
サンマ物語
―引き継がれる味―

小津安二郎の「秋刀魚の味」という作品がある。小津映画に多い、年頃の娘を嫁に出すまでの家族（父親）の話で、これまた小津作品に共通する淡々としたストーリー、力みを感じさせない役者の演技が観るものの記憶に鮮やかに残る。

1962（昭和37）年の作品だから、家庭に冷蔵庫がそれほど普及していない時代である。缶詰が加工食品の代表選手のころで、時がゆったり、人を乗せてやさしく通り過ぎていったころの情景だ。そう、6号缶の中にサンマの肉が花びら型に「菊詰」された光景が挿入されるように。

サンマ缶詰は第二次大戦終結直後の1947（昭和22）年、千葉県銚子で蒲焼缶詰が最初に作られたという説が有力だ。蒲焼を追って、49年に品不足をきたした輸出向けイワシ缶詰の代替品として、サンマの水煮やトマト漬缶詰などが作られた。

水煮や味付の製品も流通しているが、サンマ缶詰といえば、やはり馴染み深いのは蒲焼で、銚子のメーカーが作りあげた独特の味が引き継がれ、人気の源となっている。

(6) カ　ニ

[種　類]

カニは、タラバガニ・ズワイガニ・毛ガニなどの種類があり、これらの系統が缶詰になるが、近年ではタラバガニとズワイガニが主体になっている。ほとんどが脚肉と肩肉を使った「水煮」製品であるが、「カニみそ」製品も一部流通している。缶詰原料にはアメリカやロシア等からの輸入品と北海道東岸や日本海産の国産品も使用されているが、輸入品の使用比率が高い。

脚肉は、胴に近い位置から一番脚肉（棒肉）、二番脚肉（ラッキョ）、三番脚肉（ナンバン）と数えられ、この順で等級が高い。通常のカニ水煮缶詰は、脚肉を天地（缶蓋と缶底の方向）に並べて、その間に肩肉をはさんで肉詰めしている。この場合、一番脚肉を使った製品が一級品、二番脚肉・三番脚肉使用品が二級品になる。また、一番脚肉のみを使用した超高級品も流通している。

一缶当たり容量別では、１３５ｇ（缶呼称・ツナ2号）缶と90ｇ（平3号）缶の製品が多く流通している。流通割合は90ｇ缶が全体の5割以上を占める。また、一番脚肉のみを使った製品には角型の１００ｇ（角３Ｂ）缶が使われているものもある。缶切りのいらないイージーオープン蓋（ＥＯエンド）になっている製品が多い。

[歴史寸描]

カニ缶詰の製造そのものは明治10（１８７７）年代に始まっている。しかし、当時はカニ肉が黒くなる「黒変」問題が未解決のため、商品としての価値は低かった。本格的な生産は千島国後島に工場が設置された１９０５（明治38）年以降からである。その後、樺太やカニ工船での生産が開始され、有力な輸出物資となっていった。輸出については07年ごろから始まった北米に向けたものが主体で、戦後の昭和30（1955）年代まで大量に輸出された。とくに昭和10（1935）年代、20年代はサケ缶詰とともにきわめて重要な輸出商材の地位を占めていた。今日では、輸出はほとんど行われておらず、生産物の大部分が国内販売に仕向けられている。

〔輸　入〕

主にインドネシア等からワタリガニの製品が輸入されている。なお、これらの輸入品には、ほぐし身を材料主体にした安価な製品が多い。

〔利用のされ方〕

サラダやチャーハン、シュウマイ、パスタソース、スープなど多くの料理に利用でき、素材としての汎用性が高い。脚肉はさまざまな料理の添え物としても利用されている。

〔栄養・身体への効用〕

カニには、アスタキサンチン、タウリン、キチン・キトサンなど多種多様の効能をもった栄養素が含まれている。これら栄養素は、血液中のコレステロールの正常化、血圧の正常化、肝臓の働きの向上、動脈硬化予防、視力の向上、疲労回復、アレルギー症状に対する効果、ガンの予防、老化を抑える効果などがあるといわれている。

〔課　題〕

水産物の多くが資源減少問題を抱えているが、そのなかでもカニの深刻度が非常に高い。生産コストの上昇により製品価格が高くなれば、需要が縮小することも懸念される。

豆知識 06
カニ物語
―王様の不思議―

カニ類は沿岸から深海（マイナス1000m）にすみ、年に1～2回産卵するものが多い。1回の産卵量は1万～5万個ともいわれる。卵は親ガニの腹部で1カ月ほど抱かれた後で放卵、幼生になる。この幼生が海中に漂い、脱皮を繰り返して子ガニに変態する。脱皮後すぐには皮ふが固まらないので、外敵に襲われるもっとも危険な時期である。また、底刺網にかかったりすると、みずから自分のハサミを切り落として逃げていくことがある。落ちた関節のあとから芽が出るように肉が出て、ハサミや脚が再生される。もっとも再生はカニが若いほど早く、年とったカニは再生しない場合があるという。膨大な産卵量、再生能力があっても、カニの資源量は減少している。乱獲もあるが、カニが危険いっぱいの環境を生き延びなければならないこととも無関係ではない。

カニ缶詰は「缶詰の王様」。タラバガニの缶詰は、とくに高級イメージが強い。このタラバガニが「ヤドカリ」の一種であることをご存知だろうか。通常カニは脚8本とハサミ2本であるが、タラバには脚6本とハサミ2本しかない。ヤドカリだからだ。ヤドカリでも王様の力は絶大。本家のカニ・毛ガニ缶詰に8本脚（脚＋ハサミ）を描かせた古いラベルがたくさん残っている。

(7) ホタテ貝

［種　類］

北海道と東北地方で養殖されたものを主体にして缶詰が作られている。ほとんどが「水煮」缶詰だが、若干量の「味付」缶詰も流通している。「水煮」には、外套膜を取り外し貝柱が丸のままの形（ホール）になったものと、貝柱をほぐし肉にしたフレーク製品とがある。

一缶当たり容量別では、70ｇ（缶呼称・ポケット4号）缶と105ｇ（平3号）缶とが多く流通している。

［歴史寸描］

ホタテ貝缶詰の本格的な製造開始時期は、ホタテ貝養殖が盛んになる昭和40（1965）年代以降である。サケ缶詰やカニ缶詰など水産缶詰の多くが輸出向け生産に重きをおいてスタート、成長を遂げてきたのに対して、ホタテ貝缶詰は当初から国内販売向けで生産が行われており、輸出はなされていない。

［利用のされ方］

スパゲティや茶碗蒸し、大根の千切りとマヨネーズの和え物、スープなどさまざまな料理の素材として使われている。さらに缶汁を使えば味にコクが出る。

［栄養・身体への効用］

ホタテ貝には、タウリン、たん白質、亜鉛、ビタミンBが豊富に含まれている。タウリンは目や脳の働きを良くし、良質のたん白質は消化を助けるとされ、ビタミンB_1とB_{12}は貧血予防効果がある。

豆知識07 ホタテ貝物語

―養殖、栄養価、缶詰―

漢字で帆立貝、別名「海扇」。この名は優雅に7つの海を航海した大型帆船の姿を連想させる。寒海産の貝の代表選手で、陸奥湾や噴火湾、オホーツク海に臨む地など北海道や東北各地で盛んに養殖されている。貝柱は甘み、旨みの要素を多く含んでいるほか、ビタミンB_1やタウリンなどの栄養成分が豊富。味が凝縮された乾燥品や缶詰を生よりも好む人も多い。

ホタテ貝が人に食べられ始めた歴史は古く、先史時代にさかのぼる。食べられていたのは、もちろん天然発生貝。徳川幕府中期には支那（中国）との交易品ともなったりしているが、流通域は狭く、多くの人がホタテ貝を食べていたわけではない。広く普及しだしたのは、採苗器の開発などで養殖用稚貝を大量・安定的に確保することが可能となって養殖業が活発化、水揚げが急激に増加した昭和40（1965）年代以降である。ホタテ貝缶詰生産の増加期とカニ缶詰の減少期が重なることから、ホタテ貝がカニ缶詰の代用などといわれた時期もあったが、今では立派な正選手。コクのある味、栄養成分、広い汎用性、どれをとってもホタテ貝缶詰は優等生である。

(8) 赤　貝

［種　類］

赤貝の仲間のサルボウガイを原料に缶詰が作られている。原料供給は主に有明海から行われている。なお、赤貝（本赤貝）は北海道南部から東シナ海、朝鮮半島、中国の沿岸に分布しており、現在の日本の主な産地は宮城県や有明海などだが、全国的に産量が少なくなっているため、最近では輸入物やサルボウガイなど近縁種のものが多く出回っている。

缶詰製品のほとんどは、ヒモを取り除いた玉（ホール）を砂糖としょう油で味付けした製品であるが、ヒモ付きの玉を味付けしたものもある。

一缶当たり容量別では、130g（缶呼称・8号）缶、75g（ポケット4号）缶が多く流通している。缶切りのいらないイージーオープン蓋（EOエンド）になっている製品が多い。

［歴史寸描］

赤貝缶詰は東京湾の天然赤貝を使って1889（明治22）年ごろから作られ始めた。原料にサルボウガイが使われるようになると、有明海に面した九州各県が赤貝缶詰の主産地になっていった。

［利用のされ方］

レモンをしぼって酒の肴に、また、赤貝飯の材料などに利用されている。

［栄養・身体への効用］

赤貝には、肝臓機能を強化したり、細胞の機能低下をもたらす有害物質を体内で解毒したりするとされるグルタチオンや、貧血予防効果のあるビタミンB_{12}が豊富に含まれている。貝類のなかでも鉄分が多い。

豆知識08
赤貝物語
―歌舞伎に登場する赤貝―

歌舞伎狂言「近頃河原の達引」という話は、恋敵の罠にはまったお店の主人を軸に遊女を巡る家族愛と真摯《しんし》な恋心を描いている。その「堀川の段」に『店々の旦那からは羊かんまんじゅう生魚、近所隣へさうさう裾分けも仕らねば、鯛、赤貝の類は横丁の酢屋へ卸売…』というセリフがあり、赤貝が寿司だねになっていた様子を知らせている。この話の初演は1782（天明2）年ごろといわれているので、18世紀には赤貝が寿司になっていたことがわかる。

また、この話には猿回しの情景がある。缶詰の原料にも使われている「サルボウガイ」は赤貝の仲間で、サルがほっぺたを膨らました形に似ていることから「猿頬」と書かれる。不思議な縁をみるようだ。

日本での赤貝缶詰は、アワビなどとともに1890（明治23）年代には早くも商品化されており、古くからのお馴染み品。江戸前の赤貝も使われた。赤貝は鉄分が多く貧血防止などに効果がある。低血圧で朝に弱いとおっしゃるお父さん、あなたも赤貝缶詰をお試しあれ。

⑼ イ　カ

[種　類]

スルメイカは日本沿岸全海域に分布するが、缶詰の原料には主に黒潮沿いを回遊し、三陸で漁獲されたものが使われている。また、「新イカ」と呼ばれるコウイカの子イカを使った製品も少量だが流通している。ほとんどの製品が「味付」である。

一缶当たり容量別では、160g（缶呼称・携帯）缶がもっとも多く、次いで130g（8号）缶が多い。缶切りのいらないイージーオープン蓋（EOエンド）になっている製品が多い。

[歴史寸描]

本格生産に入ったのは第二次大戦直後からであり、1970（昭和45）年ごろまで台湾などへの輸出も行われていた。今日ではほぼ全量が国内販売に向けられている。酒類販売規制の解除でほとんどのコンビニエンスストアが酒類の販売を行うようになったことにともない、コンビニでのイカ缶詰の販売比率が高まっている。

[利用のされ方]

おつまみ用としての利用が多いが、イカの炊込みご飯などの素材としても利用できる。

[栄養・身体への効用]

イカには、コレステロールを下げる効果があるといわれるタウリンが多く含まれている。

⑽ のり佃煮

[種　類]

のり佃煮は、水戻しした原藻（香りが良く、柔らかい仕上がりになる緑藻類のヒトエグサが多く使われる）と、調味液の配合割合をほぼ1対1にして30〜60分煮詰めたものである。配合割合は製品によって異なる。

製品には、原藻単独のものと他の素材と混合にしたものとがある。混合素材には、椎茸、シメジ、サケ、ホタテ貝柱、カニなど多くの農水産物が使われている。また、唐辛子を使ったピリ辛味や角切りの形態にしたものなどもあり、多彩な品揃えがなされている。ほとんどがびん詰製品であるが、小袋タイプ製品やパウチ詰製品もみられる。

一個当たり容量別では、180g容量のびん詰製品が多く流通している。

〔歴史寸描〕

のり佃煮の起源については必ずしも明らかでないが、『出雲国風土記』に奈良・平安時代にすでに貢納品として「のり」が朝廷に贈られていたとの記録がある。のりが食され始めた時期は相当古いことがわかる。また、「佃煮」の起源は1590（天正18）年とされており、これも歴史が長い。容器詰のり佃煮が普及したのは戦後であり、当初は缶にも詰められていたが、現在では多くがびん詰になっており、缶詰製品の流通はなくなっている。

塩分摂取量に気を配る人が増えている状況にあることを受けて、減塩タイプの製品が多く流通するようになっているのも今日の特徴である。

〔利用のされ方〕

熱いご飯にのせて食べるほか、炊き込み磯ご飯、信太揚げ、スパゲティ、カルパッチョなどの素材として利用されている。

〔栄養・身体への効用〕

健康に必須のカルシウムや鉄分などのミネラル成分がバランスよく含まれる。ビタミンも豊富で、血中のコレステロールを下げて、動脈硬化や血管障害による脳卒中や脳血栓などの予防効果があるとされるEPAとタウリンもたっぷり含んでいる。

［簡単佃煮作り］

板のりが湿気てしまったら、簡単に佃煮ができる。ちぎったのりにしょう油と酒を4対1の割合で味付けし、ひと煮立ちさせ煮詰めるだけ。あとは好みに応じて砂糖やみりんで味を調えてできあがり。

⑾ その他の水産缶詰

その他の水産缶詰では、クジラ（味付）、ニシン（蒲焼など）、アジ（つみれ）、カキ（くん製油漬）、アサリ（水煮）、ホッキ貝（水煮）、バイ貝（水煮、味付、油漬）、シシャモ（味付）、ウナギ（蒲焼）、エビ（水煮）、魚類野菜煮（マグロ・サケ・サバなど）、昆布巻き、味付でんぶなどの製品が生産され、流通している。

2 果実缶詰

世界的に供給の多い果実缶詰は、パインアップル、モモ、ナシ、ミカンを含めたかんきつ類、アンズ、チェリー、混合果実などであり、わが国市場での流通量も多い。国内生産ではミカン、モモ、クリ、チェリー、フルーツみつ豆、混合果実が多く、原料入手の関係からパインアップルとアンズについては生産量が少ない。

日本での果実缶詰生産量は、18ℓ缶製品を含めても4・5万t強、市販用主体の丸缶（内容積が100mℓ～3090mℓの円筒型の缶詰。製品中の30％見当が業務用向け）だけでは3万t程度になっている。内訳は、ミカンが10千t弱、モモが3・0～3・5千t、混合果実が7・0～

7・5千t、フルーツみつ豆が2・0千t、サクランボが0・5千t、パインアップルが1・0千t弱である。

かつてはわが国の果実缶詰はミカン缶詰を中心に相当量の輸出も行っていたが、為替が円高に転じた1980（昭和55）年以降、漸減して現在ではほとんど輸出は行われていない。これに対して輸入が漸増しており、国内生産の5倍見当の年間25万t程度が輸入されている。輸入量の多い品目はミカンを含むかんきつ類が6万t、モモが5万t、パインアップルが3・5万t、ミックスドフルーツが1・0万t、ナシが6千t、チェリーが2千tなどである。なお、輸入缶詰は最終商品としてそのまま流通するもののほか、カップ詰ゼリーなどほかの果実加工品の原料として使われる量も多い。

果実缶詰のシラップの糖度は、次のように4つの段階に分けて規定されている。

・エキストラ・ライト……10度以上14度未満
・ライト……14度以上18度未満
・ヘビー……18度以上22度未満
・エキストラ・ヘビー……22度以上

現在、生産されている果実缶詰は、ヘビー（モモ・パインアップル・洋ナシなど）と、ライト（ミカン・サクランボなど）が大部分を占めている。

(1) ミカン

[種　類]

ミカン缶詰には早生種と普通種の温州みかんが使用されている。原料としての適性は普通種が勝るが、早生種の使用割合がほとんどを占めている。ほとんどが「シラップ漬」製品だが、一部「ジュース漬」製品も流通している。

形態別では、「全形（全果粒、ホール）」がほとんどだが、一部「身割れ品混入（ブロークン）」のものもある。

一缶当たり容量別では、家庭用製品で200g（缶呼称・M2号）缶がもっとも多く、425g（4号）缶と295g（5号）缶、360g（M3号）缶が次いで多い。学校給食などの業務用製品は3050g（1号）缶が中心になっている。家庭用製品は、缶切りのいらないイージーオープン蓋（EOエンド）になっているものが多い。

［歴史寸描］

外皮のまま糖液漬した製品や瓢嚢《じょうのう》付きの製品は明治時代から作られていたが、今日のような内果皮を除いた製品が登場したのは、1927（昭和2）年になってからである。以降、欧米向けの輸出製品として生産を伸ばしていき、ピーク時の73年には生産量が17万t強（うち輸出6・5万t強）を記録した。その後スペイン、中国の台頭と為替の円高傾斜によって、輸出競争力が著しく減退したため、今日では生産物（1万t弱）のほとんどが国内販売用となっている。

［輸　入］

1980（昭和55）年代後半になると輸出量が僅少になったが、逆にこのころから中国からの輸入品がわが国市場に出回るようになっていった。スペイン品も若干量あるが、輸入の中心は中国品であり、今日では国産品の5倍見当量（6万t弱）の輸入品が日本国内で流通している。輸入ミカン缶詰は、カップゼリーなど国内生産されるほかの加工品の原料としてもかなり使われている。

[利用のされ方]

ヨーグルトのトッピングや、ほかの果物（缶詰や生果）と組み合わせてフルーツポンチなどのデザート材料にされたり、冷麦などの彩り素材としても使われている。

[品質にかかわる問題]

果肉中のヘスペリジンが析出して液汁が白濁することがある。早期収穫の果実に多く、MC（メチルセルロース）の添加またはヘスペリジナーゼによる酵素分解により防止できる。

[栄養・身体への効用]

ミカンには、βカロテンの5倍の発ガン抑制効果があるとされるβクリプトキサンチンが豊富に含まれている。もちろんビタミンCも豊か。

また、ヘスペリジンは白濁の原因になるがビタミンPの作用をもっており、毛細血管の強化等生理的な機能がある。

豆知識 09
ミカン物語
―わたしは進化し続けます―

温州みかんは、中国と交易のあった鹿児島県の長島で、中国から持ち帰った実生から偶発変異したものと推定されている。時は江戸初期である。この変異種が九州一円、中国・四国、近畿、東海地区、神奈川にいたった。一般に温州みかんが栽培されるようになったのは明治時代の中ごろになってからで、江戸時代のわが国の代表的かんきつであった紀州みかんに取って代わった。各地に栽培が広まるうちに変異が生じ、多くの系統に分化した。ところで、温州みかんは普通、「品種」といわず「系統」と呼ぶ。なぜか。系統は「生物の種あるいは群の進化の過程での由来」をも意味しており、進化し続ける意が込められたのかもしれない。

明治10（１８７７）年代に最初のミカン缶詰製造が起こったが、それは金柑甘煮のように「外皮のまま丸ごと詰めて糖液を注入したもの」であった。次に１８９７（明治30）年ごろ、広島で「瓢嚢のまま加工」されたミカン缶詰が市販されたとなっているが、商品として売れた形跡はない。現在のような剥皮ミカン缶詰が製造されたのは、前述のとおり、１９２７（昭和２）年になってからであり、広島県の加島正

人（加島缶詰所）が本格的に始めた。加島の剥皮方法は、「綿布の両端を竹の柄に通し、房を離したミカンを少量ずつ取り、3～5％のカセイソーダ液を入れた桶の中で、左右の柄を上下し、ミカンの房同士の摩擦によって自然に剥皮されるように考案した道具を使用」したものである。殺菌は95℃、12分の静置殺菌を行ったが、熱の伝導を図るため、途中で2回ぐらい缶を回転移動した。

　1932（昭和7）年には四菱食品が酸・アルカリ併用の剥皮法を発表し、また35年には同社がロータリー殺菌装置を製作している。殺菌時に缶を高度に回転させることによって液汁を撹拌しながら、一定時間で缶の中心温度を得るという今日の方法を編み出した。

　ミカン缶詰は、世界中に類例をみないわが国独特のものであったので、製法や理論をみずから究明、確立しなければならなかった。こうしてできあがった昭和初期のミカン缶詰の理論、製法は世界の中での嚆矢《こうし》となったのである。

(2) モ　モ

[種　類]

モモ缶詰には白桃と黄桃とがある。わが国の白桃缶詰の原料には「大久保」種を主体に「清水白桃」や「もちづき」などが使われ、黄桃缶詰には缶詰専用品種の「缶桃」が使われている。製品のスタイルは、果肉を2つ割り、シラップ漬にしたものが多いが、果肉を4つ割りにしたものやダイスカットしたシラップ漬製品も流通している。

一缶当たり容量別では、家庭用の190g（缶呼称・M2号）缶がもっとも多く、310g（5号）缶や425g（4号）缶製品も市販されている。学校給食などの業務用では3120g（1号）缶と850g（2号）缶製品が主体である。なお、輸入黄桃缶詰では850g（2号）缶製品もスーパーなどで家庭用として小売りされている。国産の家庭用製品では、缶切りのいらないイージーオープン蓋（EOエンド）になっている製品が多い。

[歴史寸描]

モモ缶詰がわが国で製造された時期は早い。1875（明治8）年に試作品が作られており、1881年にはすでに商品が市場流通していた。1922（大正11）年にはモモ缶詰の製造工場が山形・岡山・長野の三県に27工場あった。

生産量がもっとも多かった年は1969（昭和44）年の6・5万t（534万箱）であり、近年生産の10倍強になっていた。生産が多かったこのころは盛んに輸出も行われていた。

[輸　入]

わが国市場に流通する輸入モモ缶詰の今日の数量は、国産品の8倍見当に達する。中国・ギリシャ・南アフリカなどから輸入されている。かつては黄桃缶詰が主体であったが、モモ缶詰輸入の8割以上を占める中国品は白桃缶詰が過半であり、中国産白桃の輸入量は国産品を大幅に上回る水準に達している。

輸入モモ缶詰は1980（昭和55）年ごろまでは主として給食用など業務用主体に流通していたが、85年ごろから家庭用として量販店等で小売りされる数量も増加するようになった。なお、輸入モモ缶詰は最終商品としてそのまま市販されるもののほか、わが国でカップゼリー等の原料として使用される量もかなりある。

［利用のされ方］

生クリームや洋酒をかけてそのまま食べられているほか、フルーツカクテルやゼリー・寒天よせなどの材料としても利用されている。

［品質にかかわる問題］

白桃缶詰では、まれに果肉の表面や核肌の部分が紫色になったものがある。これは果実のアントシアニン色素が缶内面のスズと反応して発生したもので、食べても無害である。袋をかけないで栽培・収穫した原料に赤い色素が発生するので、通常、白桃は有袋栽培される。近年では無袋栽培しても赤い色素が発生しない品種「もちづき（恋果桃）」が開発され、白桃缶詰の原料に使用されている。

［栄養・身体への効用］

モモには、食欲増進・疲労回復・高血圧予防効果があるとされるリンゴ酸とクエン酸、食物繊維のペクチン、カリウムが多く含まれている。

［課　題］

国内生産者の老齢化などの影響を受けて、桃の

コラム

モモ缶詰

果物缶詰

(1) 品質にこだわって140年

緑色のカラーでおなじみの「SUNYO」印の缶詰は、1880（明治13）年に創業者の逸見勝誠が缶詰の製造を手掛けたことに始まります。

これは、日本で初めて缶詰が作られた1871年から、わずか9年後でした。その後、品質至上主義を掲げて、ひたすら歩み続けて140年、現在は果実缶詰を中心に販売されています。

(2) 明治時代に誕生した桃缶詰

ここでは「SUNYO」印を代表する製品の一つ、桃缶詰を紹介します。

わが国で初めて桃のシラップ漬缶詰が作られたのは1876（明治8）年のことで、商品として一般に出回るようになったのは、1881年頃からと言われています。

1905年の逸見山陽堂（現㈱サンヨー堂）商品相場表（価格表）には「桃甘露煮　壹斤入四打に付き、卸六円八〇銭」と載っています。また、同じ相場表には梨、枇杷、蜜柑、金柑、無花果、丸杏、林檎なども載っていますが、いずれも甘露煮と記載されていることから、今のシラップ漬がこのような呼称であったことが判ります。

この相場表から、一缶当たりは約14銭2厘になります。ただし卸売価格ですので、小売価格はもう少し高かったと思われます。参考までに、当時の物価をみてみると、アンパン1銭、そば（かけ・もり）1杯2銭、砂糖1kg17銭、ビール大瓶19銭でしたので、高価だったようです（出典：「値段史年表」朝日新聞社）。

その後、サンヨー印の桃缶詰の販売が拡大していったのは1932（昭和7年）～33年頃からです。果実缶詰の需要の高まりとともに生産量も増えていき、桃缶詰は明治の頃から現在まで、長きにわたって人々に愛されてきました。

(3) 品質重視の白桃缶詰製造

果実缶詰の中でも原料の管理が難しいのが白桃です。缶詰の主な品種となる大久保種の実は、光が当たると赤くなってしまいます。赤みの部分は缶詰にすると、濃い紫色に変色して見た目がよくありません。そのため、缶詰にする桃は、枝に実がなると、光が当たらないように、一つ一つ手作業で袋掛けをしなければなりません。

さらに、収穫後の輸送で傷まないように、完熟する前のやや硬めの状態で収穫します。工場に入荷してから数日置いて熟度を進めることで、果肉が柔らかくなり、芳醇な香りが出て、おいしくなったところで缶詰に加工します。この過程を「追熟」といいます。この「追熟」が、やわらかく、おいしい桃缶をつくるのです。

一つ一つの袋掛けや、適熟の数日前に収穫するというのは、熟練した生産者の協力があってできるものですサンヨー印の白桃缶詰は生産者との信頼関係を保ちながら、手間暇かけて丁寧に製造されているのです。

（協力：㈱サンヨー堂、広報室）

栽培面積が減少している。とくに加工適性の高い「大久保」種の減少が大きく、原料確保が難しくなっている。また、中国産のモモ缶詰は、日本からの技術指導もあって、年々品位が向上しているとはいえ、今後も品質管理が最重要テーマとなる。

豆知識10 モモ物語
―追熟工程に旨さの秘密がある―

モモは中国の黄河、揚子江上流域が原産とされ、紀元前には中国全土はもとより、その種子がカシミール、ペルシアにも伝わったといわれる。現在は、南北アメリカ大陸、ヨーロッパ、アジア、南アフリカなど全世界の温帯地域で栽培されている。

日本へは弥生時代に渡来したという説が有力。この説は多くの遺跡でモモの種が出土していることで裏付けられている。古事記や日本書紀などの古文書にもモモの記述がみられるが、栽培としての記録は江戸時代に入ってから。江戸期のモモは小粒で品質も劣っていたようだ。現在の品種は、明治初頭に中国、欧米から導入された品種を基に発見、育成されたもの。とくに中国から入った「上海水蜜桃」は、在来のものに比べ大粒であり、果肉は柔軟多汁、品質も良かったことから、それ以降のわが国のモモの品種の骨格となった。

モモの新品種「白桃」は、1899（明治32）年に岡山の大久保重五郎が発見。その後、彼は交配により「大久保」を創り出した。「大久保」は加工にも適した品種だが、年々「白鳳」や「あかつき」など生食用品種に追われ、栽培が減少してきている。わが国の黄桃は、さまざまな交配を繰り返して1955（昭和30）年に生まれた缶詰専用種の「缶桃2号」が代表的品種となっている。

缶詰の原料に使われる白桃は、加工適期の4～5日前に収穫する。工場に搬入したものを熟度に応じて追熟してから加工する。追熟期間に水分が蒸散し、甘みも増す。舌の上でとろけるように軟らかく、上品な香りを口腔にためるあの国産白桃缶詰の秘密は、この追熟過程にある。

輸入白桃缶詰は、厳密に管理された追熟工程をとらない場合が多い。なお、黄桃缶詰の原料（わが国の缶桃種など）は樹上完熟で摘果し、追熟は行わずただちに加工されるのが一般的となっている。

(3) パインアップル

[種　類]

パインアップル缶詰は、青果の果頂（クラウン部）と基部を切断し、芯抜き・剥皮・芽取り・輪切りされて缶に詰められる。多くがシラップ漬であるが、パインジュースとともに詰められたジュース漬もある。果肉の形態によってスライス（輪切り）、ハーフ（2つ割り）、クォーター（4つ割り）、チビット（くさび形）、ピーセス（小片）などの製品があるが、スライスが圧倒的に多い。

一缶当たり容量別では、小容量化製品の要請に応えた185g（缶呼称・M2号）缶が多く、次に310g（5号）缶が多い。

[歴史寸描]

生鮮原料（スムースカイエン種・沖縄県でも栽培されている品種）を使用したパインアップル缶詰は、わが国では沖縄県の一工場のみで製造されている。熱帯性果実のパインアップルが沖縄県で本格的に栽培されるようになったのは第二次大戦終了以降であり、同県での缶詰生産もこのころから開始された。戦前は日本の統治下にあった台湾での生産物が国産品であった。台湾での生産は1930（昭和5）年代に始まっている。

[輸　入]

わが国市場で流通しているパインアップル缶詰の大半（95%以上）は、タイ・フィリピン・インドネシア等からの輸入品である。3万tを超す総輸入量に占める3カ国の占有率は95%以上に達しており、このなかでタイが50%見当を占めている。

輸入には、沖縄県の缶詰生産量を基礎数字にして年度別の数量を算定する、関税割当制度（TQ）

が適用されている。

[利用のされ方]

酢豚など肉料理の素材、フルーツポンチの材料、ゼリーよせなどに利用されている。

[品質にかかわる問題]

非常にまれだが、充填果肉の一部がピンク色に変色した缶詰がみられることがある。ピンク病とも呼ばれ、これに関与する微生物・化合物・色素などどれも衛生的に問題はないが、商品性は損なわれる。

[栄養・身体への効用]

パインには、肉類を軟らかくし消化しやすくする効果があるたん白分解酵素・ブロメリンが含まれている。この消化酵素があることが肉類料理の素材として使われる理由である。その他多量のビタミンC・Aが含まれている。

豆知識 11 パインアップル物語
―長い旅路は缶詰で―

パインアップルの原産地は、中米およびブラジル北部を中心とする亜熱帯地方とされている。その歴史は古く、16世紀の昔にさかのぼり、コロンブスがアメリカ新大陸に上陸した後、南米のペルーで初めてヨーロッパ人によって見出された。その後、1513年に欧米に渡来、16世紀の末ごろまでにポルトガル人の宣教師によって各地に伝えられてアフリカ、アジアにおいても栽培されるようになった。日本には1845年オランダ船によって最初にパインが伝えられたといわれているが第二次大戦後沖縄奄美群島で栽培が始まった。ハワイでは1815年スペイン人の手によって植え付けが始まった。1885年パイン缶詰工場が造られ、本格的なパイン缶詰普及の礎が築かれた。パインアップルは、熱帯や亜熱帯に生育するものだが、消費国は温帯圏の国々に集中している。そのためにパイン果実は、遠く離れた国々への遠距離輸送が宿命づけられる。飛行機・高速船とも普及していなかった100年以上も前では、今日と比較にならないほど輸送時間がかかったことだろう。途中で腐るものも多かったに違いない。生鮮パインに代わって、常温で長期間流通する機能をもったパインアップル缶詰が登場、普及したのは、いわば当然であったのだ。

(4) サクランボ

[種　類]

果実のつく枝、果梗のついた果実を着色料「赤色104号」や天然色素）で染色した後、シラップ漬にした製品が多い。果実の一部だけを染色しないものや果梗を取り除いた製品もある。

一缶当たり容量別では、425g（缶呼称・4号缶が外食店や弁当業などの業務用需要で、90g（小型2号）缶が家庭用需要で多くなっている。家庭用の小型缶は、缶切りのいらないイージーオープン蓋（EOエンド）になっているものが多い。

[歴史寸描]

サクランボの缶詰化は、明治後期から計画検討され、大正期に実現している。国内販売向けのほか、1960（昭和35）年代までは輸出向け生産も行われていた。通常、6月中旬から7月初旬にかけて収穫された生鮮のナポレオン種などを原料にしているが、収穫期が非常に短い果実特性もあって、近年は18ℓ缶に一時的に取り置いて、需要動向をみながら収穫季節外に生産される缶詰が増えている。

[輸　入]

わが国で栽培されている甘果桜桃※と同種の原料を使用したサクランボ缶詰が中国とチリから輸入されている。チリ品はほとんどがシラップ漬缶詰やカップ詰ゼリー等の原料として使われているのに対して、中国品は原料用のほか、最終製品（完成品）としてそのまま流通する量も少なくない。最終製品の中国品は主に業務筋などで利用されており、その量は国産品を上回っているとみられる。

※甘果桜桃：サクランボの品種は大別して、甘果桜桃（スイートチェリー）と酸果桜桃（サワーチェリー）に分けられ、日本

で栽培されている佐藤錦やナポレオンは甘果桜桃に属し、ほとんどが淡赤色系である。赤黒色系統のアメリカンチェリーは、酸果と甘果の雑種か酸果桜桃である。

[利用のされ方]

家庭用・業務用とも製菓や弁当、料理やドリンク、カクテルなどの彩り材として多用されている。

[品質にかかわる問題]

サクランボ缶詰はごくまれに水素膨張を起こすことがある。これを避けるために、使用する缶はほかの果実缶のものよりスズメッキ量を多くしているほか、pHや酸度の調整を行っている。

豆知識12
サクランボ物語
―チェーホフから宅配便まで―

日本の桜、豪州のジャカランダなど世界には春を告げる花々がある。チェーホフの戯曲『桜の園』は、その題名と斜陽貴族の領地が競売されるという物語性から、桜花爛漫の庭園が舞台と思わせる。実はサクランボの果樹園である。

サクランボは黒海地方が原産地で、紀元前にローマに渡り、その後ヨーロッパに広まった。18世紀初めにはイギリス・フランス・オラン

ダなどの各地で栽培されるようになったといわれる。ヨーロッパでは、真っ先に春の季節を告げる花、果物として歓迎されている。日本への移入は1868（明治元）年に北海道亀田郡七里村に試植したのが始まり。山形県には1875年、内務省の勧業寮から果物の外国品種として3本のサクランボの苗木が贈られたと記録されている。

ところで、サクランボといえば「佐藤錦」を思い浮かべる。この佐藤錦が初めて実をむすんだのは1922（大正11）年のこと。山形県東根市の佐藤栄助翁と岡田東作翁が、酸味が強くて日持ちも悪く出荷の途中に腐ってしまうため市場性が薄かった従来種を改良して創り上げた。佐藤翁の名にちなんだこの改良種・佐藤錦は、味は良いが日持ちが悪い「黄玉」と、日持ちは良いが固く酸味の強い「ナポレオン」をかけ合わせたものが始まり。

サクランボを缶詰にすることが考えだされたのは1902（明治35）年ごろ。主産地・寒河江市などで、試作を重ねて、21（大正10）年代に山形市（小林食品）で製造が始まったとされる。収穫期間が短く、日持ち性の点からも生食需要は産地近県にほぼ限られていたので、収穫物の多くが缶詰用に仕向けられていた。缶詰の原料に使われるサクランボは今でもナポレオン種が多い。

全国各地の多くの人がサクランボを生で食べるようになったのは、1981（昭和56）年に最初の「ふるさと小包便」にサクランボが採用されてからである。平成年代に入ると生鮮宅配便が多用されるようになり、流通域が一段と広まった。今では収穫物の大半が生食需要である。

(5) クリ

[種　類]

クリ甘露煮は、鬼皮（外皮）と渋皮（内皮）を剥きとったクリを、集点がクリの芽の頂点になるように八面体にカット（ダイヤモンドカットといい）し、濃いシラップを加えて煮込んで、さらに一夜程度、糖液に漬け込み「甘露煮（蜜煮）」にしたものである。渋皮を剥かずにそのままシラップを加えて製品化した「渋皮煮」もあり、近年は渋皮煮の需要が少しずつ増えている。製品には、10・5kg（9ℓ）缶や3・5kg（缶呼称・1号）缶および900g（2号）缶の缶詰と130g〜1100gのびん詰、200g、500gなどの袋詰と3種類の容器に詰められたものが流通している。缶詰は製菓用など業務用として、小型のびん詰と袋詰は家庭用として販売されている。

製品は、果粒の大きさ（粒ぞろい）、果肉質（硬軟の度合）、整形（カット）の善し悪し、色沢などの角度から品質が評価されている。

[輸　入]

わが国国内でクリを八面体に整形加工する労力の確保が難しくなったこともあって、1975（昭和50）年ごろから韓国から剥き栗を輸入、これを原料に国内で甘露煮生産を行う体制が作られていった。剥き栗は18ℓ缶に詰め水漬して冷蔵輸入されるが、今日では甘露煮原料の90％以上が中国品や韓国品になっている。また、両国からは甘露煮にした最終製品（缶詰・パウチ詰）も輸入されている。

[利用のされ方]

業務用・家庭用とも栗きんとんやケーキなど和菓子・洋菓子の材料としてや、外食産業で使用されている。

［栄養・身体への効用］

クリ甘露煮には、消化を助けるカリウムやリンなどの無機質とビタミンの含有量が多い。

(6) フルーツみつ豆

［種　類］

みつ豆缶詰はミカン、白桃、黄桃、洋ナシ、リンゴ、チェリー、パインアップル等のうちの3種以上の果物と、寒天および赤エンドウを配合してシラップ漬にされている。配合割合は果実25％以上、赤エンドウ5％以上と決められている。

寒天は、寒天濃度を1・3％にして100～105℃でボイルし放冷した後、さいの目に裁断した白寒天と赤寒天とを使用する。

一缶当たり容量別では、210g（缶呼称・6号）缶、190g（M2号）缶が多く流通している。蜜やあんをプラスチック容器に入れ、缶内で分包した製品もある。缶切りのいらないイージーオープン蓋（EOエンド）になっている製品が多い。

［製法、品質にかかわる問題］

みつ豆缶詰の殺菌温度は、寒天の溶解温度以下になるようにしなければならないが、寒天と赤エンドウには耐熱性細菌がいるので、缶に詰める前にあらかじめ高温で殺菌する必要がある。3種以上の果物と殺菌済みの寒天および赤エンドウを一緒に缶に詰めて低温殺菌することになるので、みつ豆缶詰の製造はほぼ一定温度にした作業棟で行われている。

［歴史寸描］

みつ豆缶詰の製法特許は細菌学者の木村金太郎氏により1930（昭和5）年ごろに発表された。

特許内容は、2段殺菌という当時としては普通殺菌と全然違う、細菌学者らしい発想から生まれたものであった。この製法特許の使用権を神奈川県にあった四菱食品と藤野缶詰製造所が得て、36年に本格的製造販売が開始された。戦後、家庭や喫茶店などでの需要が増加していき、果実缶詰の重要な生産物の一つとなった。

今日では、同種製品がプラスチックカップなどに詰められて販売されるようになっており、缶詰工場でもこれら新容器詰製品を手がけている。

［栄養・身体への効用］

フルーツみつ豆には寒天が使われているが、寒天はほとんど食物繊維（アガロースと呼ばれる多糖類）からできている。ヒトの消化酵素のみでは分解されず胃酸によって分解し、アガロオリゴ糖となり吸収される。このアガロオリゴ糖は腸内環境を整え、抗ガン作用があるとされ、また抗酸化作用も強いことが知られている。脂肪やコレステロール、余分な塩分を吸収し排泄するので、血圧やコレステロール値を安定させる効果もあるといわれる。

豆知識13 みつ豆物語
―商売人の思いつき―

みつ豆の起こりは、明治時代に、東京・浅草新仲見世通りに今もある和菓子店「舟和」の創業者・小林和助という人が、銀の器に寒天やアンズなどを入れ、「みつ豆ボール」という名をつけて売ったのが始まりといわれる。小林は、1880（明治13）年ごろ、炭やイモ、寒天などの卸業を営んでいた。同時に大八車でエンドウ豆を売り歩くうちに、寒天と豆を組み合わせることを思いついたという。1902（明治35）年、ようかんなどの小売店を開業、そして喫茶部も開いた。当時のみつ豆の中身は、寒天、赤エンドウ、ぎゅうひ、西洋アンズなどに白みつと、現在とほとんど変わらない。

浅草から発祥したみつ豆はその後改良され、大正から昭和初期にかけて、街角のフルーツパーラーや喫茶店など、いたる所にハイカラな高級和菓子として普及した。あんみつやフルーツみつ豆もその過程で生まれ、コーヒーが今のように一般的でない時代、もっとも人気のある喫茶メニューであった。今日では、一つの缶の中で黒蜜や白蜜とフルーツや寒天などとが分離された缶詰も販売されており、喫茶店ならぬわが家で賞味されている。

(7) 混合果実類

[種　類]

混合果実缶詰はミカン、白桃、黄桃、洋ナシ、リンゴ、チェリー、パインアップルなどの果実のうち2種以上を配合してシラップ漬にした製品である。混合果実類にはミックスドフルーツ、フルーツサラダ、フルーツカクテルの製品がある。

このうちフルーツカクテルは黄桃、洋ナシ、パインアップル、ブドウ（またはチェリー）を含む4種類以上の果実をダイス状にカットして混合充填したものである。

一缶当たり容量別では、190g（缶呼称・M2号）缶、145g（8号）缶が多い。缶切りのいらないイージーオープン蓋（EOエンド）になっている製品が多く流通している。

[輸　入]

タイ・南アフリカ・中国などから国産品を上回る量が輸入されている。輸入品の多くは2種または3種の果実を混合したミックスドフルーツであり、パインアップルやモモがベース果実になっている。タイ製品では「トロピカルフルーツ」といった名称で流通する商品が増えている。

(8) 夏ミカン（晩柑類）

[種　類]

晩柑類シラップ漬缶詰には、「八朔《はっさく》」「伊予柑」などを使ったものもあるが、主体は夏ミカンを改良した品種の「甘夏」製品である。温州みかん缶詰と異なり、製造工程があまり機械化されておらず、剥皮などは手剥きされている。

一缶当たり容量別では、業務用の3100g（缶呼称・一号）缶と850g（2号）缶が多く、家庭用では300g（5号）缶が多い。

［歴史寸描］

甘夏は戦後に九州地方を中心に集団栽培が行われたが、甘夏缶詰は熊本県産の原料を使用して1970（昭和45）年ごろから作られ始めている。果実缶詰のなかでは比較的新しい製品であるが、さわやかな味がとくに女性層からの支持を得て生産を伸ばした。また、業務筋での需要としては、甘夏ゼリーなどの果実加工品の原料としても使用されている。

［輸　入］

中国に甘夏に似た「胡柚《こゆず》」という在来品種があり、これを原料にした胡柚シラップ漬缶詰が輸入されている。一部家庭用としても市販されているが、多くは業務用として3100g（缶呼称・1号）缶と850g（2号）缶が流通している。

［栄養・身体への効用］

甘夏には、ビタミンCが豊富なことはもちろん、肉体疲労時に食べると効果的なクエン酸が多く含まれている。

(9) 洋ナシ

［種　類］

西洋ナシにはバートレット、ラ・フランスなどいくつかの品種があるが、わが国で洋ナシ缶詰に使われているのはラ・フランスが主体であり、希少な高級品として販売されている。輸出向け生産が行われていた昭和40（1965）年代ごろまでの使用原料は、バートレットであった。また、輸入品の多くはバートレット種を原料にしている。ほとんどが果肉を2つ割りしたシラップ漬である。

一缶当たり容量別では、190g（缶呼称・M2号）缶と300g（5号）缶が多い。家庭用国産品のほとんどは、缶切りのいらないイージーオープン蓋（EOエンド）になっている。また、土産用などにびん詰の製品も販売されている。

［輸　入］

わが国小売市場で流通する洋ナシ缶詰の多くは輸入品であり、南アフリカ・中国・オーストラリアなどから輸入されている。

［品質、製造上の管理］

洋ナシ缶詰が好まれる重要な因子の一つに〝高貴な香り〟がある。この香りは、果実が適熟化しないと十分に出てこないので、とくに国産缶詰の原料は適熟になるまで工場などで追熟される。この過程を経ることで食感も上昇する。

［栄養・身体への効用］

洋ナシには血圧を下げる役割をもつカリウムが多く含まれている。塩分の摂り過ぎは血圧上昇を引き起こすが、カリウムはその逆の作用をもっている。

⑽ビ　ワ

［種　類］

ビワ缶詰の原料は主に、茂木種のビワが使われる。入荷原料は、果梗・種子・果肉内側皮膜の除去と剥皮が行われ、軽くブランチング※、冷却される。こうした前処理工程には多くの労力がかかり、わが国での生産継続が年々難しくなってきている。このため国産品は希少品で、特定の業務筋需要と贈答セット需要をまかなう程度の生産量になっている。一缶当たり容量別では、家庭用の425g（缶呼称・4号）缶と業務用の3100

g（1号）缶とが主体である。

※ブランチング：果実や野菜には色調・味・香気・食感などに変化を与える酵素が多く存在している。果実・野菜の缶詰や冷凍食品では酵素作用を防ぐために熱処理を行って、変質に関与する酵素を不活性化している。これをブランチングという。方法は熱湯、蒸気、熱風などにより行う。

［輸　入］

国内での生産に限りがあるのに対して、ビワを利用したカップゼリーなどの加工食品が人気を高めている。これら加工食品の原料にするため、中国からビワの大型缶詰が輸入されている。

［栄養・身体への効用］

ビワは、果肉はもちろん種や葉を含めて捨てるところがない果物だといわれる。これは血液浄化や抗ガン作用があるといわれるビタミンB_{17}（アミダグリン）が豊富に含まれているためである。

(11) その他の果実缶詰

一般市販用のほか、製菓用などの業務用や贈答用としてリンゴ、イチゴ、アンズ、ブドウ、柿、イチジクなどのシラップ漬が作られており、425g（4号）缶に多く詰められている。輸入品ではライチ、グレープフルーツ、マンゴー、ベリー類（クランベリー・ブルーベリー・ラズベリーなど）、オリーブ、デーツ（ナツメヤシの果実）などがある。

3 野菜缶詰

わが国での野菜缶詰・びん詰の年間生産量は4.5〜5.0万t程度であり、スイートコーン1万t、ケチャップ主体のトマト0.7万t、ゆであずき1.1万t、エノキ茸4千t、タケノコ3千t、マッシュルーム0.4千tなどが主要品目である。

缶詰・びん詰の生産は漸減傾向にあり、代わって袋詰（透明レトルトパウチ）製品が増加している。

年間輸入量は国内生産の7倍ほどにあたる30万t程度であり、トマト加工品、タケノコ、スイートコーンが主要輸入品目になっている。

(1) アスパラガス

[種　類]

アスパラガス缶詰の原料は、土を被せて育てた白いアスパラガスである。覆土をしないで普通に育てた緑色のものは通常、缶詰には使用しない（アメリカの一部などでグリーンアスパラガス缶詰が生産されているが量は少ない）。「ホワイト」缶詰は、茎（どん茎）頭頂部まですべてが白い「ホワイト」と、頭頂の一部が淡緑色になった「ホワイト・グリーンチップド」にカラー区分されている。製品は、茎の太さ別に4つのサイズに分けられている。また、可食部茎が全形品の「ストークス」、茎を切断した「カット」の2形態があり、全形品は長さによって「ロングスピアー（15～16cm）」「スピアー（9・5～15cm）」「チップ（4～9・5cm）」に区分される。

アスパラガス缶詰には、茎の皮を剥かずにそのまま詰めた「アンピール」と皮剥きした「ピール」製品がある。耐寒性の強い作物特性を生かして寒冷地で栽培された原料は、茎表面の繊維質まで軟らかく育つので皮を剥く必要がなく「アンピール」製品になるが、茎の繊維質が硬くなる暖地栽培品は皮を剥いて「ピール」製品にする。わが国での缶詰生産地は北海道、岩手なのですべてが「アンピール」製品である。中国からの輸入品は、山東や遼寧の北方省産品が「アンピール」、南方の福建省産が「ピール」である。アンピール品の方が商品価値は高い。

一缶当たり容量別では、家庭用のほとんどが250g缶で、業務用製品が425g（缶呼称・4号）缶である。缶切りで開ける場合は、内容物の穂先を崩さないようにするために缶底から開けるのがコツ。250g缶はイージーオープン蓋（EOエンド）製品である。

［歴史寸描］

日本では大正10（1921）年代に商業生産が開始された。第二次大戦突入期から終戦期までの中断を経て、戦後に生産が再開され、輸出にも力が入れられた（輸出は1969年以降急速に落ち込んだ）。78（昭和53）年には最高量の生産（1万4300t）を記録している。その後、漸減して今日では40t程度の生産になっている。

［輸　入］

昭和40（1965）年代に入るとアスパラガス缶詰の消費が目立って増え、国内生産の増加とともに輸入量も増加していった。当初は台湾品主体の輸入だったが、1980（昭和55）年ごろから中国品の輸入が増加していった。今日では1千t弱の輸入品のほとんどが中国産である。

［利用のされ方］

スープやサラダの素材として使われるほか、そのまま前菜や料理の彩りとしても使われる。

［栄養・身体への効用］

ビタミン類（A、B_1、B_2、C、E）、葉酸、アスパラギン酸などを含んでいる。利尿作用効果が高い。ちなみに、アスパラギン酸はアスパラガスから発見されたことにちなんで命名されている。

豆知識14 アスパラガス物語
―深窓の令嬢・ホワイトアスパラガス―

アスパラガスは、欧州ではローマ時代から栽培の記録がある。西ヨーロッパから西アジア原産のユリ科の多年草で、たん白質が多く、とくにアミノ酸の一種・アスパラギン酸は、毛細血管を広げる働きがあるといわれる。古代ギリシャでは薬として、中国では根の部分を漢方薬として利用していたという。

わが国での栽培は、徳川後期の天明年間にオランダ人が長崎へ移植したのが始まりといわれる。当時は庭園の観賞用に過ぎず、初めて野菜として栽培が試みられたのは1871（明治4）年で、北海道開拓使がアメリカから導入した。次いで73年、内務省勧業寮で栽培が行われ、4年後の77年ごろ、同寮でアスパラガス缶詰を試製したという記録がある。

もっとも、わが国で缶詰加工を目的として最初にアスパラガスを栽培したのは、北海道岩内町の農学博士・下田喜久三である。下田は、1924（大正13）年に日本アスパラガス㈱を設立、北海道岩内町の直営農場で栽培を試みた。アスパラガスは、当時の北海道や東北の冷害・凶作から免れることのできる耐寒性の強い農産物であり、国内ばかりでなく、海外の需要も期待できるとの見方であった。そして、翌25年にホワイトアスパラガスの輸出向け缶詰製造を開始した。その後、アスパラガスの栽培は急速に普及、35(昭和10)年以降、缶詰加工用の原料として本格的に栽培されるようになり、北海道喜茂別を中心に次々と特産地を形成しながら進展していった。

　缶詰になるホワイトアスパラガスは、陽に当たらないように覆土して栽培され、採取も日光を避けて朝早く行われる。そうしないとホワイトがグリーンに化けるからである。まるで深窓の令嬢のようだ。

　アスパラガスはユリ科の多年生作物で、雌雄異株である。雄株のほうが雌株より収量が20~30%高いことは意外に知られていない。

(2) スイートコーン

[種　類]

　スイートコーン缶詰には、形状別に「ホールカーネル」「クリーム」「軸付」の3種類があるが、主力は前二者である。「ホールカーネル」には、液汁を加えて果粒を水煮したものと、液汁を加えずにバキュームパックしたものとがある。「クリーム」は、果粒を切断またはすりつぶしてクリーム状にしたものを食塩と砂糖で味調整したものである。「軸付」は果粒を軸から離さずにそのまま水煮したものである。

　一缶当たり容量別では、200g(缶呼称・M2号)缶が広く流通している。なお、輸入品は200g缶や470g(No.303)缶が多い。家庭用国産品のほとんどは、缶切りのいらないイージーオープン蓋(EOエンド)になっている。

［歴史寸描］

日本におけるスイートコーン缶詰の製造は、1950（昭和25）年から在来品種とは異なるスイートコーンを原料として本格的に生産されるようになった。主に北海道で栽培される原料を使用して缶詰の生産がなされてきたが、1990（平成2）年ごろから米国産の冷凍原料を使用した製品も作られだし、今日では国産原料よりも輸入原料を使用した製品が多く生産されている。

［輸　入］

1973（昭和48）年にスイートコーン缶詰の輸入が自由化された。自由化された年は急激に輸入が増加したものの、その後しばらくは年による国産品の生産増減を補完する形での輸入が続いていた。ところが80年ごろから輸入の増加が目立ちだし、88年には国内生産量を上回った。以後、輸入品の供給が国産品を上回る状態が続いており、今日では国内生産の約5倍にあたる6万t見当が輸入されている。

輸入はアメリカから30％、タイから65％程度の比率で行われているが、関税ゼロのタイ品が増加傾向にある。

また、特殊な品種の非常に未熟なコーンの穂（7～8㎝）を収穫して水煮缶詰にした「ヤングコーン・コブ」があり、中華料理の素材、サラダなどの添え物として独自の食感が好まれている。タイ産が主体。

［利用のされ方］

野菜や肉類とあわせて煮る・蒸す（キャスロール）・焼く（グラタン）・揚げる（フリッター）、スープなどいろいろな料理の素材として使われている。また、ラーメンなどのトッピングとしての利用も多い。

[栄養・身体への効用]

糖質が多く、ビタミン・ミネラルをバランスよく含む高エネルギー食品。糖質は消化吸収が早いので、疲労回復にぴったり。粒の白い部分にはコーン油となる脂肪分、ビタミンB_1、B_2、Eやミネラルを含んでいる。

豆知識15 スイートコーン物語 ―一代雑種―

トウモロコシは、稲や麦と同じイネ科の一年生の作物で、麦・米と並ぶ世界三大穀物の一つ。原産地は中央・南アメリカで、ヨーロッパへは1492年（アメリカ大陸到達の年）、コロンブスがキューバから祖国イタリアに持ち帰ったのが始まりといわれる。その後30年間でフランス、トルコなどヨーロッパへ広く伝播し、アジアへは16世紀初期にポルトガル人によって、海路インド、中国、東インド諸島へと伝わった。

日本には、1579年に同じポルトガル人によって長崎に伝えられ、九州や四国の山間部、富士山麓で栽培されるようになった。北海道には明治初年にアメリカから導入され、これが現在の日本のトウモロコシの基礎となった。ただし、当時は飼料用のデントコーンで、今日のようなスイートコーンは、第二次大戦後に一代雑種のゴールデン・クロス・バンタムがアメリカから導入されてから本格化した。

一代雑種なので、生育したその種子をとって次の苗を育てても良い結果は得られない。自家採取を繰り返し使用すると、翌年は初代（一代雑種）の60％、さらに翌年には40％、5年後には20％台に収量が落ちる。そればかりか均一な品質も得られない。このため毎年、専業者から種子を購入し栽培されている。

(3) マッシュルーム

[種　類]

マッシュルーム缶詰は、ホワイト種（なめらかで純白の外観をしており、低温でも子実体が発生する）やブラウン種（褐色で大型の子実体を生じ、収穫量も多い）の原料を使用する。わが国製品は国内栽培生鮮品および輸入塩蔵品を水戻しした原料あるいは輸入缶詰を使っているが、主体は輸入缶詰を使用したリパック製品である。製品には、ホール（直径の2分の1以下の長さの茎がついているもの）、ボタン（笠のつけ根から茎を除去したもの）、スライス（ホールまたはボタンを2～8㎜程度の厚さで縦に薄切りしたもの）、ピーセス・ステムス（切断した笠と茎を配合したもの）がある。缶切りのいらないイージーオープン蓋（EOエンド）になっている製品が多い。

一缶当たり容量別では、800g（缶呼称・2号缶、85g（小型2号）缶が主体であり家庭用製品である。業務用の2850g（1号）缶と800g（2号）缶も生産されている。

[歴史寸描]

わが国での缶詰生産は昭和初期に開始されており、1935（昭和10）年に40t程度の生産があったとの記録が残っている。香川県を中心に原料の栽培・生産体制が整えられた54年から本格的な缶詰生産に入り、わが国での夏季・冬季オリンピックや万博の開催に、期を一にして消費が伸びていった。最近では家庭や業務筋での生鮮品消費が増えたことも影響して、缶詰消費が減退傾向にある。

[輸　入]

1965（昭和40）年ごろからわが国での消費

が増加に向かったが、そのころから輸入も増えていった。今日は年間6千t程度の輸入があるが、その量は国内生産量の18倍見当に達している。輸入品の多くは中国品であり、容量別では業務用の1号缶、2号缶、家庭用のM2号缶が中心になっている。

[利用のされ方]

料理素材としての汎用性が非常に広く、和洋中華いずれのメニューにも合う。家庭用・業務用ともスパゲティ、グラタン、ピザなどに多く使われているほか、サラダの素材としても多用されている。

[栄養・身体への効用]

マッシュルームは、良質のたん白質と食物繊維を多く含み、動脈硬化の抑制、感冒の予防に効果があるとされる。逆に糖質や脂肪分が少なく、低カロリーなのでダイエット食にもなる。

豆知識16 マッシュルーム物語
―太陽エネルギーが利用できない―

マッシュルームは世界で生産量が最多のきのこで、いくつかの栽培品種があるが、出回っているのは缶詰などにする白色系と褐色（ブラウン）の系統が主。日本名としてツクリタケという名称があるが、英名のマッシュルームかフランス名のシャンピニオンの方がよく使われる。欧米ではマッシュルーム、シャンピニオンがきのこの総称で、きのこといえばこの名が使われる。

マッシュルームの歴史は古く古代エジプト、ギリシャ・ローマ時代に始まり、19世紀初頭、フランス人によってパリ郊外の石切場や洞窟で人工的に栽培されるようになったといわれる。わが国のマッシュルーム栽培は、大正初期に新宿御苑で行われたのが最初で、その後昭和の初めに京都の伏見、千葉県習志野、新潟県高田等で騎兵隊厩舎《きゅうしゃ》から出る馬厩肥《ばきゅうひ》を利用した栽培が始まっている。

マッシュルームは、カビの仲間に属する菌類で、葉緑素をもたないため生育に太陽エネルギーを利用することができない。今日では、稲わらや麦稈《むぎわら》に有機肥料を加えて発酵させて作る人口堆肥（コンポスト）を栄養源にして栽培が行われている。１９５５（昭和30）年ごろから人工堆肥による栽培方法が確立され、香川県を中心に千葉、茨城、栃木、さらに福島、山形、秋田、岩手と生産地が北上し、一時はブームを呼んだ。

その後、種菌による品種の改良、研究も進んだが、常に温度を14～20℃に保つ必要があるため、独立の菌舎やビニールハウスが必要なことに加え清潔さも求められる。

管理上の兼ね合いや新品種のきのこ類の台頭もあって、栽培面積・収穫量とも減退し、国内での栽培品の多くが生食用に仕向けられた。その結果、缶詰用原料には中国産の塩蔵品が中心に使用されていた。

しかし、国内での大型栽培により産地形成がなされるにつれ、国産生鮮原料を使用した缶詰の生産も序々に復活しつつある。

(4) タケノコ

[種　類]

タケノコ缶詰には、大別して孟宗竹と麻竹および細竹（根まがり竹）を使った3種類がある。家庭で利用されるのは「孟宗」が多く、「麻竹」は中華料理店での利用が多い。ほとんどが「水煮」だが一部に「味付」もある。

国内外でもっとも多く生産される18ℓ缶詰の「孟宗」タケノコ缶詰は、形態別に全形（ホール）、割（全形を縦に2つ割りしたもの）、傷（全形で欠損しているもの）、先（横に切断した全形の先端部のもの）、切（全形を切断したもので、割・先以外のもの）、筒（節間が著しく長いもの）に区分され、それぞれ香味、肉質、形態、色沢などの角度から品質が評価されている。量販店などで袋詰めされているタケノコ水煮は18ℓ缶から小分け包装されたものであり、家庭用での販売はほとんどがこのような形態をとる。円筒型缶の1800g（固形量、缶呼称・1号）缶と500g（2号）缶は、料理店など業務用として流通する。また、2号缶と240g（4号）缶は名産品として家庭用に販売されてもいるが、量は多くない。

[歴史寸描]

タケノコ缶詰は、1879（明治12）年、わが国缶詰の始祖・松田雅典が長崎県立缶詰試験場で、試験的に製造し政府に納入したとされており、これがもっとも古い記録である。その後88年に、和歌山市の金原兵衛が3ポンド入りのタケノコ水煮缶詰を製造、市販を行ったのが商品化の始まり。1950（昭和25）年ごろまでは京都を中心にした近畿圏に生産・販売が偏っていた。

全国的に販売されるようになったのは、1960

（昭和35）年ごろからで、産地が四国、九州まで拡がりをみせて以降である。

［輸　入］

中華料理の素材となる「麻竹」缶詰は、１９５０年代後半から台湾やタイなどから輸入されている。「孟宗」春タケノコの輸入も「麻竹」と同じころから行われているが、春タケノコ缶詰の輸入が行われるようになったのは70年代からである。

今日のタケノコ缶詰の輸入は、「孟宗」春タケノコが中心である。年間輸入量は７万ｔ弱で、国内生産を圧倒している。輸入品は18ℓ缶製品が多いが、量販店等でそのまま市販される袋詰での輸入も相当量ある。

［利用のされ方］

１本のタケノコは、部位によって硬さや栄養素も異なるので、用途に応じて調理の仕方を変えて使い分けるとおいしい料理ができる。たとえば下部から中部までの比較的硬い部位は煮物や炒め物に、上部の軟らかい部位は和え物やタケノコご飯などに使う。

［よくある質問］

タケノコを縦に割ったときなどに、節と節との間に白い固まりが付いていることがある。これはチロシンというアミノ酸が主成分で、たん白質やカルシウム塩などにより生成されるもので安全無害。簡単に水で洗い落とすこともできる。

［栄養・身体への効用］

タケノコには、たん白質、脂肪などの栄養素がタマネギやキャベツと同じくらい含まれている。ビタミンの吸収を助け、内臓機能を強化する繊維質も豊富。肥満防止、便秘の解消ばかりか、大腸ガンを予防する効果があるともいわれる。

豆知識 17
タケノコ物語
―雨後のタケノコ―

タケノコ（竹の子・筍）は、竹の地下茎から出た幼い茎。「筍」の字は、芽が出てから旬内（10日）がタケノコであり、それを過ぎれば竹となることを意味することを示している。東洋の特産物で、日本・中国・インドなど、アジアの熱帯から温帯にかけて分布し、広く山野に自生している。

缶詰で使われるモウソウチク（孟宗竹）は、「江南竹」と呼ばれるように中国・中部の江南地方の原産で、日本には16世紀ごろ鹿児島に移植されたのが初めといわれている。

〝京たけのこ〟として京都で食用のタケノコが栽培され始めたのは、江戸時代中期。粘土質の土地で気温・降雨量とも栽培に適していた。明治初期から大正にかけては現在でも有名な京都の山城地区の栽培が中心だったが、タケノコ前線の北上とは逆方向の四国・九州地区に栽培地が移り、今日にいたっている。

タケノコ料理の本場・京都では5月中旬の葵祭まで出回るが、缶詰なら一年中あるので、煮物や炊き込みご飯など伝統ある日本料理を楽しめる。

「雨後のタケノコ」といって、天候、とくに雨による影響が大きい作物であるが、収穫期は、九州や徳島地区では早掘りが1～2月ごろから行われ、青果市場に出荷される。加工用としては、4月からゴールデンウィーク過ぎまでである。

あまり聞かなくなったが〝たけのこ生活〟という言葉もある。一枚一枚皮を剥いでいく過程（家計）を生活になぞったものだが、うれしくはない。

(5) トマト加工品

[種　類]
缶詰・びん詰のトマト加工品には、ホールやカットなどのピールドトマトのほか、ジュース、ソース、ピューレ・ペースト、さらに、調味料などを加えたケチャップなどがある。
加工用トマトは、生食用品種と異なり、赤色・小果（100g以下、一般に50gくらい）で果肉が硬いものが使われるが、国内では多くがジュース用原料に向けられている。ケチャップなどの加工品は輸入のピューレ・ペーストを原料に使用しているものが多い。
ピールドトマトは若干量の国内生産があるが、大半は輸入品である。形態は「ホール」「カット」などのスタイルがあり、ピールドトマトにオニオン等をミックスした「混合品」も出ている。

缶切りのいらないイージーオープン蓋（EOエンド）になっている製品が多い。
ピールドトマトの一缶当たり容量別では、3100g缶、790g缶といった業務用が多い。

〔歴史寸描〕

1876（明治9）年に内務省内藤新宿試験場でアメリカから帰ってきた大藤松五郎の手により、トマト缶詰が日本で初めて試製されている（缶の密封性が悪かったため失敗している）。
企業化したのは1894年で、トマトソースが初めて。

〔輸　入〕

トマトピューレ・ペーストの輸入には関税割当制度が適用されており、輸入量は年間5万t程度である。
主としてイタリアから輸入されるピールドトマトの年間輸入量は10万程度となっている。

〔利用のされ方〕

ピールドトマト缶詰の汎用性は非常に高く、パスタソースやトマトの煮込み料理をはじめ、シチュー、ピザなど多様な使い方ができる。

〔栄養・身体への効用〕

トマトの赤い色に含まれるリコピンには、免疫力を高め、ガンを予防するほか、細胞の酸化、老化防止効果などがあるといわれる。高血圧や動脈硬化を予防するカリウムも豊富。

豆知識18 トマト物語
—ホールトマト缶詰・人気上昇中—

トマトは「ナス科」の食物で、同じナス科の仲間としてピーマン、ジャガイモ、タバコなどがある。ペルー・エクアドルが原産地で、そこから中央アメリカ、メキシコに伝えられ、メキシコでチェリートマトからプチトマト、そして普通のトマトに分化したといわれる。熱帯では多年生草本だが、日本のような温帯では一年生草本として扱われる。

ヨーロッパへは16世紀に導入された。最初は観賞用だったが、19世紀には野菜としてイタリアを中心に品種改良が進み、イギリスでは低温・少日照に耐える早生品種が育成された。

アメリカへは19世紀に導入された。交配により多様な品種が育成され、病害抵抗性品種の開発にも先鞭をつけるなど、トマト育種の中心になっている。イタリアでは、洋ナシ形のサン・マルツァーノ種が中心だが、これは生育が旺盛で肉厚、水分が少ないという特性があるため、ピールドトマトなどの加工用原料として多用されている。

日本へは17世紀に導入されたと推定されているが、珍品の域を出ることはなく、明治時代末期から大正時代初期になって一般に広まった。

昭和初めに導入されたアメリカ系のポンデローザ（桃色・大果）などは甘みに富み、トマト臭が少なかったので、これを基に日本独特の桃色・大果の品種が育成され普及した。

家庭でよく利用されるようになったピールドトマト（皮剥きトマト）缶詰は、ほとんどがイタリアなどからの輸入品である。素材としての汎用性の高さが評価され、利用量・人気とも高い。

⑹ グリンピース

［種　類］

数量は少ないが、国産の乾燥エンドウ豆を使った缶詰のほか、主にカナダ産の乾燥エンドウ豆を水戻ししたものを原料にしている。

一缶当たり容量別では、55g（缶呼称・小型2号）缶と285g（4号）缶製品が中心。缶切りのいらないイージーオープン蓋（EOエンド）になっている製品が多い。

［歴史寸描］

わが国でグリンピース缶詰が作られ始めたのは、硫酸銅を使ってエンドウ豆の葉緑素を豆に定着させることに成功した1904（明治37）年からである。できあがり製品は緑鮮やかなものになるが、これは日本独特の製法であった。

［輸　入］

無着色のシュガーピース（グリンピースと同じ青エンドウ豆を原料にしている）の輸入が若干量ある程度。輸入品は冷凍食品が主体。

［利用のされ方］

製品一個当たりの容量が小さいのは、グリンピース缶・びん詰がとくに家庭用では料理の色添え的に使われることが多いことを示している。シュガーピースは、スープやその他、料理の素材として使われている。

(7) ゆであずき

［種　類］

北海道産などのあずきを使って、砂糖を中心にコーンスターチ、食塩などで調味し、甘煮にした製品。あずきを使ったもので「水煮」と「小倉あん」の製品もある。なお、原料には中国産など輸入品が使用されることもある。

一缶当たり容量別では、410g（缶呼称・ツナ1号）缶、210g（ツナ2号）缶の製品が多く流通している。家庭用と業務用とに仕向けられているが、業務用にあっては袋詰製品（レトルト殺菌品）が多くなっている（とくにあん類）。袋詰では、1kgや350g容量で「粒あん」、「こしあん」と称した中国製品の輸入が多い。

［歴史寸描］

1950（昭和25）年ごろにはゆであずき缶詰が市販されていたが、本格的に商品が出回るようになったのは60年ごろからである。

［利用のされ方］

キンツバやあずきムースなどの製菓材料、おはぎやお汁粉、氷あずきの材料などに使われる。また、「水煮」は赤飯の材料にされることが多い。

［栄養・身体への効用］

あずきは古代には薬として使われていたほどで栄養素の宝庫である。ビタミンB群（ビタミンB_1、ビタミンB_2、ビタミンB_6）、カリウム、カルシウム、リン、鉄分、亜鉛、食物繊維等を多く含み、高血圧症、高脂血症、疲労の予防・改善に効果があるとされる。また、あずき独特の成分サポニンは利尿作用があり、むくみ解消・ダイエット効果があるといわれる。目や肝臓に良いアントシアニンも含まれている。

(8) 大　豆

［種　類］

主に北海道産大豆を使用して「水煮」にしたもので、製品には液汁を加えない製法で作ったバキュームパック※品と液汁を加えて作ったものとがある。バキュームパック品の流通量が多い。透明の袋に詰めた水煮製品（レトルト殺菌）の生産量も増加している。

缶切りのいらないイージーオープン蓋（ＥＯエンド）になっている製品が多い。

一缶当たり容量別では、１５０ｇ（缶呼称・果実７号）缶、１２０ｇ（Ｍ２号）缶が多い。

※バキュームパック：液汁を加えないか、少量だけ加えて高い真空化で密封した後、加熱殺菌した製品。この製法によると製品の風味・肉質が良くなるなどの利点がある。

［利用のされ方］

豆類は乾燥して保存できるという大きな利点がある反面、利用にあたっては、水につけて戻し、長時間かけて煮るという面倒な作業をともなう。

利用者のこのような面倒を肩代わりしているのが水煮缶詰である。サラダから各種煮物、和え物など料理素材としての汎用性はきわめて高い。

［栄養・身体への効用］

大豆は植物性たん白質の宝庫。しかも人間が体内で作ることができず、食品から摂らなければならない必須アミノ酸量が多く、血中コレステロール・中性脂肪の低下やダイエットに効果的。また、乳ガンや骨粗しょう症・更年期障害などの発症を抑える効果があるとされる大豆イソフラボン・大豆サポニン・大豆レシチンなど、注目の栄養成分が含まれている。

(9) ナメコ

［種　類］

ナメコには、自然発生する原木ナメコと人工栽培されるものとがあるが、缶詰原料には主に室内の菌床で人工栽培されたものを使う。主に東北地方で缶詰生産されている。笠の状態により「つぼみ」と「開き」の2種類に分けられ、笠の大小で「つぼみ」は4つ、「開き」は3つのサイズに区分されている。

一缶当たり容量別では、400g（缶呼称・4号）缶、200g（6号）缶、85g（小型2号）缶などがある。

［輸　入］

中国からの輸入があり、家庭用・業務用として流通している。輸入数量は国内生産量を上回っているものと推定される。

［栄養・身体への効用］

缶詰のナメコは、袋詰などよりも笠表面がよりヌメヌメしている。このヌメヌメ成分は胃の粘膜を保護し、炎症や潰瘍《かいよう》を予防する。体内に吸収されたこの粘液多糖体は、肝臓でアルコールを処理するときに使われるグルクロン酸という物質になる。つまりこれをしっかり摂れば、肝機能も強化されるということになる。

[利用のされ方]

ナメコの味噌汁が代表的だが、和え物や煮物の素材など汎用性は広い。日本そばのトッピングなどにも合う。

⑽ エノキ茸

[種　類]

日光に当てずに培養びん（プラスチックボトル）で人工栽培した原料を根落としして使用、しょう油・砂糖などの調味料で味付けした〝なめたけ茶漬け（「味付」）と一部「水煮」の製品がある。その他の調味スタイルでは明太子味、カツオだし味などの製品もある。ほとんどがびん詰である。一びん当たり容量別では、180gと120g製品が多い。

[歴史寸描]

今日のような「味付」を主要製品とする「珍味製品」としての位置づけが確立されたのは、1970（昭和45）年に長野県と長野県缶詰協会主催で開催された『えのきだけ加工講習会』で、水煮、味付などの缶詰製造実習が行われてからである。

[輸　入]

中国からびん詰完成品が輸入されているほか、同国から二次加工原料用のエノキ茸も輸入されている。

[栄養・身体への効用]

エノキ茸には食物繊維が多く、心臓病、動脈硬化、糖尿病、大腸ガンなどの生活習慣病の予防に効果を発揮するといわれる。たん白質や脂肪の代謝を良くするビタミンB_2も豊富。注目されるのは、きのこ類では、エノキ茸に一番多く含まれる「レンチナン」である。レンチナンは、抗ガン作用があるとされる成分で、すでに医学的な治療にも使われている。

[利用のされ方]

お茶漬けの具にするほか、炊き込みご飯の具材や珍味としての酒肴利用がある。

(11) その他の野菜缶詰

ニンジン、ゴボウ、コイモ、レンコン、サヤインゲン、クワイ、ギンナン、ヒヨコマメ、山菜類などの水煮類缶詰、花豆や黒豆の甘煮製品などがある。また、福神漬、たくあん漬、ラッキョウ、ピクルスなどの漬物、油揚げ（味付）や白滝なども作られている。

4 ジャム類

[種　類]

ジャム類には、びん詰、缶詰（大缶・丸缶）、カップ詰、小袋詰があり、びん詰の流通量がもっとも多い。原料種別では、イチゴ、ブルーベリー、アンズ、リンゴのほかプラム、チェリー、パインアップル、ブドウ、モモ、イチジク、各種ベリー類（ラズベリー、ブラックカラント、ブルーベリー、クランベリーなど）、パッションフルーツ、バラ、ショウガ、夏・冬橙の皮などを使ったマーマレードがある。

JAS規格では、ジャム類をジャム、マーマレード、ゼリー、プレザーブスタイルの4種類に分けている。それによると、次のように規定されている。
・ジャム類とは果実を砂糖類とともにゼリー化するまで煮詰めたもので、ゲル化剤（ペクチン）・酸味料・香料を加えてもよい。
・マーマレードは、かんきつ類の果実を原料としたもので、果皮を含むもの。
・ゼリーとは、果実等の搾汁を原料としたもの。
・プレザーブスタイルとは、イチゴ以外のベリー類の果実を原料とするものでは全形の果実を、いちごの果実では全形または2つ割りの果実を、ベリー以外の果実を原料とするものでは5㎜以上の厚さの果肉片を原料とし、その原形を保持するようにしたもの。
近年は可溶性固形物（糖用屈折計の示度。糖度）40％台の低糖度ジャムが好まれるようになっており、国産品にあっては低糖度品が生産の5割程度を占めている。

なお、JAS規格では、ジャム類は可溶性固形物が40％以上あることと定めており、砂糖を加えず果実と果汁のみからなる糖度30度台の製品は、ジャムではなく「フルーツスプレッド」などの名称で流通している。

一個当たり容量別では、びん詰の170g、400gの製品が多い。

ジャム類の国内生産量は3・5万t程度であり、これに輸入品の1・0万t程度を加えた数量が国内供給量である。

〔製　法〕

ジャムは、前処理した原料に適量の砂糖を加えて一定濃度まで煮熟して仕上げる。ジャムが凝固するのは、果肉中のペクチンと酸、および加えた砂糖の3成分が一定の割合になったときにゼリー化するため。したがって原料の種類によって加糖率を決めるが、通常ペクチンや酸を添加して調整する。煮熟は二重釜で行われているが、大量生産する場合は真空釜が使用される。

プレザーブスタイルは果粒をある程度保持するため、原料の選別、煮熟の方法に特別の配慮が必要である。

マーマレードは、かんきつ類の皮を薄くスライスして、その果汁とともにゼリー化した製品である。

〔輸　入〕

イギリス・フランス・アメリカなどからの輸入とともに、かつて1970（昭和45）年代にはブルガリアやルーマニアなどの東欧諸国からまとまった量の輸入がなされていたが、品質面で日本の市場には受け入れられず、これらの東欧諸国からの輸入は僅少になった。

今日では、フランスなどの西欧諸国からの輸入が継続している一方で、中国やエジプトからの輸入が増加している。年間輸入量は1.0万t程度であり、うち中国が20％弱、エジプトが10％強、フランスが20％見当の構成になっている。

〔栄養・身体への効用〕

ジャムに含まれる糖分はすぐにブドウ糖に分解されて血液に入るので、血糖値が急激に上昇してエネルギーを補い、脳の働きを活性化させ、体の疲労も回復させるとされる。朝食にマーマレードとパン、ブルーベリージャムとヨーグルトなどを食べるのは非常に理にかなっている。

その他にも、ブルーベリーに含まれ、目や肝臓に良いとされるアントシアニン成分をはじめ、さまざまなジャムの健康効果がわかっている。

【利用のされ方】

パン食需要はもちろん、洋菓子などの材料、ヨーグルトなどのトッピング、また、ジャムの香りと風味を生かした「フルーティーカレー」、「フルーツカップサラダ」、「フルーツ酢豚」の素材としての利用等々、さまざまな方面で使われている。

豆知識19 ジャム物語
―簡単風俗史―

人はジャムをいつから食べていたのか。

1868年にスペインの小さな町の高台にある洞窟で壁画が発見された。動物などの絵に混ざって、人がミツバチの巣から蜜を採っている情景も描かれている。

ベンガラで描かれた壁画発見の後、果実を土器で煮た跡も見つかっている。このことから果実を蜂蜜で煮ていたことが想像された。この壁画は1万5千～2万年も前に描かれた

ものである。そう、人は旧石器時代からジャムを食べていたのだ。

紀元前320年ごろ、アレクサンダー大王が東征してインドを攻略した。そのときにヨーロッパに持ち帰った砂糖を使ってジャムが作られた。ジャムを珍重して食べたのは王侯貴族や僧侶などの特権階級。

庶民にまでジャムが普及したのは11世紀後半からの十字軍遠征後。十字軍が東方から持ち帰った大量の砂糖がジャム作りを普及させたのだ。

常温長期保存食品化の歴史も古く、缶詰の始祖ニコラ・アペールが1804年に早くもジャムをびん詰にしたことが、彼の残したレシピに載っている。

11世紀とはいわないが、わが国でもかなり古くからジャムが食べられており、1877（明治10）年には勧農局でリンゴジャム缶詰が製造されている。同年5月29日付の読売新聞に「新宿試験場の製品として西洋風ジャムが（今の銀座あたりの）店で市販されていた」という記事が載っている。その後、長野県の塩川伊一郎が1878年にイチゴジャムを、同県の雨宮伝吉が82年にアンズジャムの製造に着手しており、これがわが国におけるジャム製造の黎明期であるといえる。

時代は下って1905（明治38）年、夏目漱石が『吾輩は猫である』をホトトギス誌に発表した。小説の中に、苦沙彌《くしゃみ》先生がジャムを1月に1斤缶（4号近似缶で約600g）で8缶も食べていたとの記述がある。そのことで苦沙彌先生は奥さんに家計を苦しめるとたしなめられているのだが、先生応えていわく「5、6円ぐらいのもの」。5、6円は、漱石の分身とも思われる苦沙彌先生の言い分に逆らうようだが、決して安くはなかっただろう。甘いものには勝てず、ジャムをパンにつけるだけでなく、そのまま舐めてもいた、いや舐める方が多かった苦沙彌先生の姿が浮かぶようだ。このころから昭和30（1955）年代までは、みんな甘さに飢えており、糖度の高いものが大歓迎されていたのだろう。

今では、イチゴやリンゴ、ブルーベリー、ラズベリー、プルーン、パッションフルーツなど世界中のフルーツをはじめ、野菜や花弁を原料としたジャムが作られるようになっている。甘さやカロリーを抑えたジャム、虫歯になりにくい糖を使ったジャムやフルーツソースなど、いろいろなタイプが出回り、パンにつけるほかにも、お菓子やデザート、料理用と幅広い分野で使われるようになっている。

このようにさまざまな形で使われる多種類のジャムを苦沙彌先生に見せてあげたかった。

5 食肉、調理缶詰

コンビーフやハム、ランチョンミートを主要品目とした食肉缶詰と、スープやシチュー、カスレなどの各種民族料理など、多様な品目が含まれる調理缶詰の日本での生産は、食肉缶詰が約6千t、調理缶詰が約5万t（つゆ類とベビーフードのびん詰を含む）になっている。

主要品目は、コンビーフ、牛肉味付、ウズラ卵、カレー、シチュー、スープなどであり、日本独特の「ヤキトリ」の生産も多い。畜肉・家きん肉を焼いた製品には、世界的にもサティ、シシカバブのような民族風串焼きの缶詰がある。

(1) コンビーフとニューコーンドミート

[種　類]

コンビーフ缶詰は、カッターで角切りにした牛正肉を3日間ほど塩漬けし、その後、蒸煮した肉をほぐして香辛料や調味料とともにミキサーで混合、これを缶に詰めている。原料肉に牛肉のみを使ったものが「コンビーフ」であり、牛肉（全体重量の20％以上）と馬肉を混合使用したものが「コーンドミート（ニューコンミート）」である。

一缶当たり容量別では、100g（缶呼称・CB3号）缶と、75g（P4号）缶が代表的だが、量的には100g缶が断然に多い。天・地蓋巻締の角錐台型の巻取缶（通称・枕缶）が使われているものも多く、P4号缶のように丸缶に詰められた製品もある。

【歴史寸描】

日本でコンビーフ缶詰が初めて試製されたのは1886（明治19）年。1897年に広島の高須缶詰所が工業化した。

大量生産されるようになったのは戦後の1948（昭和23）年に山形の日東食品製造（現・日東ベスト）においてだが、戦後まもなくは缶の材料・ブリキの供給が不円滑な事情にあったため、びんに詰められていた時期もある。

【輸　入】

コンビーフ缶詰が含まれる「牛肉調製品」の輸入は、1990（平成2）年に自由化されている。自由化後にコンビーフ缶詰の輸入量が主にブラジルから増加したが、今日では国内生産量の約10分の1量にあたる年間100t前後の輸入が主にニュージーランドからある程度となっている。

【利用のされ方】

コンビーフサンドがよく知られているが、カレーやシチュー、スパゲティ、卵とじ、野菜炒めなどの料理素材としても使われている。タマネギを粗みじん切りにし、コンビーフとともに軽く炒めたものを使った「おじや」などはアイデア料理。

【栄養・身体への効用】

コンビーフ缶詰は、たん白質と脂質の含量が豊富なのはもちろんだが、血行を良くする鉄分を多く含んでいるのが特徴である。

豆知識 20 コンビーフ物語
―どうして枕缶に詰められるのか―

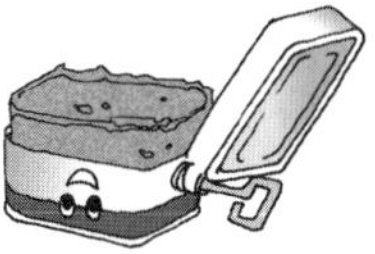

コンビーフ缶詰は、国産品・輸入品を問わず、多くは上は小さく、下が大きいタテ長の角錐台形状の缶に詰められている。この形、昔の「木枕」に似ているので、通称「枕缶」とも呼ばれている。

どうしてこのような形の缶になったのか。コンビーフ缶詰は、もざき状にした牛肉を塩漬けにして缶に詰めている。肉は空気に触れる時間が長かったり、気泡ができたりすると肉の色が黒っぽく変化する危険がある。現在のコンビーフ缶詰は機械で缶に詰めているが、従前は人の手で一缶ごとに詰めていた。その際、狭いほうを下にして順々に肉を詰め込んでいくほうが素早く、かつ気泡も出さずに詰められ、製品の品質が良くなる。このようなことで枕状の缶になっている。また、この形状の缶だと容器内にぎゅうぎゅうに詰められた肉がスポッと引き出しやすい。

さらに、コンビーフといえば台形の缶を思い浮かべる人が多い。缶と中身の結びつきイメージが非常に強いため、一般に広く使われている円筒型をした缶に詰めて商品化しても売れ行きがあまり良くなかった。

これが、多くのメーカーが台形状の缶を使うもっとも大きな理由になっているようだ。なお、近年では、缶詰から台形状のプラスチック容器詰めのコンビーフ製品にシフトしている。
コンビーフ（Corned Beef）の名称は、すでに17世紀ごろから世界的に使われている。缶には詰めなかったものの、古くから肉を塩漬けし、保存食にしていたからだ。

(2) 牛肉味付

[種　類]

牛肉味付は大和煮の名称でよく知られている。一缶当たり容量別では、70g（缶呼称・P4号）缶、170g（携帯）缶、100g（ツナ3号）缶が多く流通している。缶切りのいらないイージーオープン蓋（EOエンド）になっている製品が多い。

[歴史寸描]

牛肉缶詰は明治10（1877）年代に「佃煮」として作られたのが始まり。大和煮は、1888（明治21）年に「日本煮」の名称を付して作られたのが最初と推定される。

[利用のされ方]

「味付」は甘辛くじっくり煮込んであるので、そのまま弁当のおかずにしたり、大和煮丼にしたりするほか、ジャガイモとあわせてコロッケの素材にしたりする。

［栄養・身体への効用］

牛肉缶詰はエネルギーが高く、たん白質や脂質が豊富で血行を良くし、活動の源ともなる。

豆知識21 大和煮物語
—大和煮、日本煮、やまと煮—

味付牛肉でお馴染みの「大和煮」。名付け親は朝野新聞編集長の沢田直温。1881（明治14）年に前田道方が東京小石川の工場で「カモ肉を砂糖としょう油・みりんで味付けした缶詰」を工夫した。珍しい名前をと、沢田に相談したところ「大和煮」の案が出され、即決。これをジャーナリストの大岡育造が紹介して評判になる。

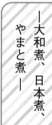

それまでの缶詰は水煮か塩味が多かったが、大和煮は一般的な日本人の口に合って好評を得て現在にいたる。大和煮のつづりには、「日本煮」「やまと煮」なども使われていた。

牛肉缶詰は1879（明治12）年に鈴木清が神戸で作った「牛肉つくだ煮」が日本での始まり。翌80年ごろには牛肉缶詰の新聞広告も出ており、生産地も広島など各地に広まっていった。

現在の牛肉大和煮のような姿になったのは、広島の逸見勝誠が1888年に、佃煮の味付法より案出した新しい加工法を牛肉に試みたところに始まる。この加工法による料理が非常においしくできたので、これを缶詰化し、とくに「牛肉」の2文字を省いて、ただ「日本煮（やまとに）」と名付けて発売、これが牛肉大和煮の始まりと推定される。

牛肉大和煮は、日清・日露戦争を契機に生産が飛躍的に増大した。現在でも、肉の柔らかさがその味とともに舌に転がる感触が評価され、根強い人気がある。

(3) ウズラ卵

[種　類]

製品スタイルは、「水煮」が主体だが、「味付」製品もある。もともと業務筋での利用が多かったが、近年では家庭での利用も増えている。缶詰のほか、透明の袋に詰められてレトルト殺菌された製品もあり、後者の製品が増加傾向にある。

一個当たり容量別では、業務用で430g（缶呼称・2号）缶、1kg詰め透明パウチ、家庭用では45g（小型2号）缶や50g詰め透明パウチ製品が多い。

[歴史寸描]

ウズラ卵の缶詰化は戦後まもなく検討され、東洋罐詰専修学校で実験が繰り返されて、1954（昭和29）年に水煮缶詰が誕生した。その後、養鶉農家との間で契約方式による原料取引体制が敷かれ、今日にいたっている。

[輸　入]

中国、タイの両国から業務用の大型容器（1号缶・2号缶）主体に輸入されており、その量は年間2千t程度に達し、国内生産の約1千tのほぼ2倍になっている。

[利用のされ方]

おでんの具、八宝菜等の中華料理素材など、きわめて汎用性が高い。

[栄養・身体への効用]

日常の食事に不足しがちな必須アミノ酸のうちリジン・メチオニン・トリプトファンなどの良質なたん白質が多く含まれている。また、脂肪はよく乳化されているので消化吸収が良く、卵の黄身に含まれている脂質の一種であるレシチンは肝臓の脂肪を取り除き、コレステロールの害を減らす効果があるといわれている。

(4) ヤキトリ

[種　類]

鶏肉を大型の焼き炉とコンベアを併用した装置で焼き、味付けした製品。味付けの種類には「タレ味(甘口・辛口)」「塩味」「カレー味」などがある。業務用製品もあるが、多くはコンビニエンスストアやスーパーで販売される家庭用製品である。レトルトパウチ食品も増加している。缶切りのいらないイージーオープン蓋(EOエンド)になっている製品が多い。

一缶当たり容量別では、85g(缶呼称・P4号)缶、95g(平3号)缶が主体。

[歴史寸描]

本格的生産開始は1970(昭和45)年。大型養鶏場で強制換羽(入れ換え)される親牝鶏を原料にして国内販売製品を作ろうとの着想を得て始まった。当時は、国内市場開拓がメーカーの命題になっており、その戦略商品として開発された製品の一つがヤキトリ缶詰である。

[利用のされ方]

ヤキトリ丼等の料理素材利用のほか、温めてそのまま酒肴として利用されている。

[栄養・身体への効用]

ヤキトリの原料の鶏は「体を温め、胃、すい臓を助ける滋養食」と薬膳書にもあるとおり、風邪をひきやすい人、虚弱体質、呼吸器の弱い人、お年寄りなどに勧められている。また、鉄分とカルシウムが多く、血液のヘモグロビンを増やす働きがあり、貧血や疲れやすい人にもお勧め。

(5) カレー

［種　類］

原料種別にビーフ・チキン・ポーク・シーフードのカレーがあり、味のパターンには甘口・中辛・辛口などがある。また、畜肉や野菜の具を含まないカレーソースも流通している。多くがカレー専門店、レストランなどの業務筋向けの商品であり、家庭用もギフト用か、ホテルやレストラン等のシェフの味をうたった当該関係店での販売が多く、量販店での販売はむしろ少ない。今日では、業務用、家庭用ともに缶詰からレトルト食品に消費が移る傾向にあり、缶詰の生産は漸減している。

一缶当たり容量別では、業務用は３０００g（缶呼称・一号）缶、８４０g（２号）缶が多く、家庭用は４００g（４号）缶、１００g（平３号）缶、２８０g（７号）缶が多い。

［歴史寸描］

１９３７（昭和12）年に新タイプの食品として、ビーフシチュー、レバー等のペースト、チキンソテーなどを構成品目にした食肉調理缶詰が登場している。そのなかに「ポークカレー」と「カレーうどん」が含まれていた。その後、戦時下での資材不足があって姿を消し、戦後１９４８年ごろからカレーライスの素、ビーフカレーの生産が再開された。

［栄養・身体への効用］

カレーには、ニンジン・タマネギ・ジャガイモという３種類の野菜と肉も入っており、バランスのとれた一品となっている。スパイスには消化器を刺激して消化液の分泌を多くし、血液の循環を良くする働きがある。カレーを食べた後は汗をよくかき、皮膚の表面温度を下げるので、一種の暑さ対策となり、夏に食べると効果的というわけである。また、スパイスのなかでもターメリック（ウコン）に含まれるクルクミンは肝機能向上、抗ガン作用、美肌効果があるとして注目されている。

(6) ミートソース

［種　類］

ミートソースは、牛肉や豚肉をミンチにして、みじん切りにして炒めたタマネギとニンジン、トマトペースト、香辛料、肉エキス、調味料とともに十分に煮込む、というのが基本製法である。これら原材料の配合比率はメーカーによって異なることが多いので、多様な味の製品が流通することになる。また、スライスマッシュルームを加えた製品もある。レトルトパウチへの生産移行、輸入品の増加などが影響して缶詰生産が減少する傾向にある。

一缶当たり容量別では、280g（缶呼称・7号）缶がもっとも多い。缶切りのいらないイージーオープン蓋（EOエンド）になっている製品が多い。

［歴史寸描］

ミートソース缶詰がわが国で作られ始めたのは昭和30（1955）年代である。夏季・冬季のオリンピックや万博の日本での開催を契機に消費を伸ばしていき、今日にいたっている。

［輸　入］

タイ・ニュージーランド両国から年間約9千t輸入されている。この量は国内缶詰生産の約2倍に相当する。

［利用のされ方］

スパゲティミートソースがもっとも多い利用のされ方だが、焼き物（グラタン・ラザニア・ポテトとの重ね焼き等）などの素材としても広く利用されている。

［栄養・身体への効用］

ミートソースには、肉とともにトマト、タマネギ、ニンジンなどの野菜がたっぷり使われている。これら原材料がもつリコピンなどの機能性成分が身体に効果的に働き、健康の維持に役立っている。

(7) パスタソース、料理用ソース

［種　類］

パスタソースには、ボンゴレ、トマト、イカスミ、山菜・きのこを使った和風ソースなどがある。料理用ソースには、ドミグラス、ホワイト、トマト、アメリケーヌ、オイスター、リゾット用ソース、鍋料理用ソースなどがある。

一缶当たり容量別では、280g（缶呼称・7号）缶が9割程度を占め、業務用の3000g（1号）缶と840g（2号）缶もある。

［輸　入］

トマトソースのほか、ドミグラスソースやホワイトソースなど料理用ソースの輸入がなされている。また、民族料理用ソースの輸入もある。

(8) スープ

［種　類］

スープ缶詰には、ストレートタイプと濃縮タイプ（2倍にして使用する）とがある。種類別ではコンソメとポタージュ、それに、ミネストローネのような具入りものがある。いずれも畜肉類、鶏肉、魚介類から調製したスープストックを素材とし、ポタージュの場合は、これに小麦粉、バター、牛乳、生クリーム、野菜、調味料、香辛料などを加えて作られる。原料種別ではコーン、トマト、オニ

オン、マッシュルーム、ポテト、ミネストローネなどの野菜スープ、フカヒレや卵などの中華スープ、チキン、ビーフなどの肉類スープなどがある。クラムチャウダーやボルシチなどもスープの範ちゅうに入る。また、自動販売機などで売られている飲料タイプのスープ（コーンスープが多い）もある。

一缶当たり容量別では、280g（缶呼称・7号）缶や150g（小型1号）缶が代表的であり、量的には150g缶が多い。また、飲料タイプのスープでは多くが190g缶である。

［歴史寸描］

わが国でスープの市場が拡大したのは、昭和30（1955）年代後半に固形の即席スープの販路開拓が積極的に行われてからである。このころから缶詰スープも日米合弁企業などから製造販売されている。その後、参入業者が増えて市場が広がった。缶詰スープの本格的な味に対する根強いファンが少なくない。

［輸　入］

オーストラリアやアメリカ製品主体に年間3千t程度が輸入されている。この量は飲料タイプのスープを除いた国産品にほぼ匹敵している。

(9) その他の食肉缶詰・調理缶詰

食肉缶詰では、鶏肉油漬、マトンや馬肉の味付、ソーセージ・ハム・ランチョンミート・レバーペーストなどの食肉加工品がある。

調理缶詰では、シチュー、ハヤシ、おでん、ご飯類（白飯、五目飯、とり飯、しいたけ飯、赤飯、おかゆ・雑炊など）、菓子類（水ようかん・プリンなど）、つゆ類（そばつゆ・うどんつゆなど）が比較的まとまった生産量のある品目である。

豆知識22
黒変物語
―防止策の変遷―

カニやエビなどの甲殻類は、肉中のたん白質に硫黄成分が多く含まれている。それが缶容器の鉄と結びつくと硫化鉄ができ、カニ肉が黒くなる。カニ缶詰にとってカニ肉が黒くなる「黒変」問題の解消は必須のテーマであった。

この問題解決に福井の大戸与三兵衛が挑戦。1893（明治26）年に寒冷紗（生糸で織った薄い布）で肉を包む方法を考案した。それ以前には、和紙を用いる方法や酢を入れる方法などの黒変防止法が試されている。しかし、これらの方法では黒変を防ぐには十分でなかった。

1926（大正15）年、根室の碓氷勝三郎が硫酸紙を使用すると黒変を防止できることを知り、エビ缶詰でこれを実行した。1907（明治40）年には水産講習所技師の宮崎賢一が「空缶の内面塗料」を発明、1909年には対米輸出が開始されている。1912年に北海製罐が缶内面用ウルシオール塗料を完成させた。

カニ肉を硫酸紙で包み、内面塗装缶に充填することで黒変問題が解決され、対米輸出は大正から昭和戦前にかけて隆盛を誇ることになる。

豆知識23
工船物語
―良品を求めて―

カニの船内加工は1914（大正3）年、水産講習所の雲鷹丸がカムチャツカ西海岸で行ったことに始まる。21年には民間で初めて和島貞二が2隻の帆船内での加工を行っている。カニ工船の開始により新鮮なカニが捕獲現場の洋上で缶に詰められるようになった。これによってできあがる製品では「A級（FANCY）」の比率が当然に高くなった。カニ缶詰の船内加工は73（昭和48）年まで続いた。

カニ工船の進出にも刺激される形で、1929（昭和4）年にサケ工船が開始された。このころはサケ・マスの沖取漁業の有望性が直目されるようになり、新興の機運も高まっていたので、農林省は同年に「母船式鮭鱒漁業取締規則」を制定して、沖取漁を大臣許可事業としている。工船でのサケ缶詰生産は77年で終了しているが、これは前年に200海里漁業専管水域問題が発生して北洋漁業の自由性が失われたためである。

小林多喜二が工船内の情景や雇用関係を誇張して描いた『蟹工船』を発表したのが1929（昭和4）年。漁船というより海上の閉鎖空間ともいえる工船（工場）内での作業は、かなり過酷なものであったことは実際の乗り組み経験者からも聞かれる。ただ、船内作業は小林の描写するような匿名性の集団ではなく、それぞれが個性的な乗員により行われた。小説の『蟹工船』には、日本国内に行き詰まった人口問題、食糧問題に対して重大な使命を持っている……との記述があるが、北洋の缶詰事業はまさに国策ともいえる重要使命を果たしていたのである。

豆知識24 輸入の増加と輸出の減少
ー関税引下げと為替変動が関係ー

缶詰の輸入が増加の一方で、輸出が減少している。輸入増加は、為替の円高とともに関税率の引下げによってもたらされ、多くの品目の関税率は過去3回にわたって一斉に引下げ措置がとられている。すなわち、1979（昭和54）年の東京ラウンド妥結に基づく引下げ、85年に政府が踏み切った1850品目にわたる引下げ（ほとんどの缶詰が一律20%引下げ）、

93（平成5）年のウルグアイラウンド妥結に基づく段階的引下げである。また、輸入制限品目に残っていたトマト加工品・パインアップル缶詰・牛肉調製品（コンビーフ缶詰など）が1989～90年にかけて自由化品目に移行、輸入増加に弾みをつける形となった。近年では、日タイ等のＥＰＡ（経済連携協定）の発効により、関税率がゼロの缶詰もある。食料缶・びん詰の輸入量（一部レトルト食品を含む）が国内生産量を上回ったのは95年であるが、以降輸入量が常に国内生産量を上回っている。

一方、缶詰の生産をけん引してきた輸出にかげりがみえだしたのは1970年代。71（昭和46）年の実質的な円の切上げ（ニクソン・ショック）があり、73年に第一次石油ショックに陥ったことなどから海外市場での日本産缶詰の価格競争力が低下、水産缶詰の一部（サバ・イワシ・マグロなど）を除いて輸出が困難になった。

85年9月の円高が、缶詰輸出にさらに大きな打撃を与えた。プラザ合意に基づく日米合同による協調介入は、わずか2週間で31円もの急激なドル安円高を進行させ、85年11月25日には1ドル＝200円を、87年1月19日には1ドル＝150円を突破した。これは、プラザ合意からわずか1年4カ月の出来事だった。これにより87年の輸出は、数量で最高であった80年（34・6万ｔ）より24・4万ｔ減少し10・2万ｔになった。輸出品目として残されていた水産缶詰にあっても、本格的な内需転換策を講じる必要性が高まった。

豆知識25 缶詰普及協会の理念
―消費者の味方が最後の勝者―

1922（大正11）年6月、サケ缶詰の国内消費拡大を目的に「缶詰普及協会」が設立された。この協会は、あらゆる機会をとらえて宣伝し、年間5万箱だったサケ缶詰市場をたちまち20万箱、さらに35万箱へと、数年でその規模を拡大させた。

この協会の基本的な活動理念は、消費者主導。市販缶詰の開缶研究会で選抜された推奨缶詰に「消費者ニ味方スルモノハ最後の勝利者ナリ」という言葉が入った〝推奨マーク〟を貼付したことに、これがもっともよく表現されている。推奨マークは直径4・5cmの円形をしており、『円形のなかに一辺3cmの三角形の底辺に「消費」とおいて、消費がいかなる場合にも基準となるべきことを示し、「製造」と「販売」が各一辺をなし、三者相助けて、はじめて缶詰業の発展すべきことを表した』と図案化意図を語った記録が残されている。

国内市場での加工食品黎明期ともいえるこの時代に「消費者主導」をうたっていたとは！賢明な先人に脱帽。

6 清涼飲料缶詰

清涼飲料には、果実飲料、野菜飲料、コーヒー飲料、茶系飲料、豆乳類、ミネラルウォーター、スポーツドリンク、乳性飲料、炭酸飲料などがあり、容器には缶、びん、PETボトル、紙等が使われている。清涼飲料全体の年間生産量は約2300万kℓであり、国民一人当たりの消費量は約180ℓに達している。容器別状況をみると、PETボトル飲料が増加しており、缶飲料は漸減傾向にある。缶詰の多くは蓋部分の開口タブが缶本体から離れないようにしたSOT（ステイ・オン・タブ）を採用している。また、開封後に再封できるようにした「ボトル缶」が増加傾向にある。

清涼飲料の流通チャネルは、従前は自動販売機によるものの比率がかなり高かったが、今日ではスーパーマーケットやコンビニエンスストアなど量販店での販売が増加している。これに加えて、無菌充填や熱間充填の製造方式が広く採用されるようになったことなどが影響して、容器が缶からPETボトルに移行する傾向がみられている。現在、缶容器の構成比率が高い主要品目はレトルト殺菌を施しているコーヒードリンクであり、炭酸飲料や茶系飲料、ミネラルウォーター、スポーツドリンクなどはPETボトルが主体になっている。

(1) 果実飲料

[種　類]

果実飲料には、天然果汁（ジュース、果汁分100%）、果汁飲料、果汁入り清涼飲料、果肉飲料（ネクター）、果粒入り飲料があり、年間総生産量は170万kℓ程度である。そのうち、果汁含有量の少ない「果汁入り清涼飲料」が4割近くを占めている。

果実種別では、オレンジ、ミカン、リンゴ、ブドウ、グレープフルーツ、パインアップル、モモ、レモンなどが主に使われているが、洋ナシ、晩柑類、アンズ、マンゴー、ブルーベリー、ライチなど多種類の果実を原料にして製品が作られている。

製造方式では、熱間充填（ホットパック※）が広く採用されているが、無菌充填（アセプティックパック※）を使って生産されることも多くなっている。

※熱間充填（ホットパック）：90℃前後に加熱した飲料を缶やびんなどの容器に充填し、熱いうちに密封する方式。充填・密封後、一定時間をおいてから冷却するが、その間に容器を横倒し、あるいは逆さまにすることにより、容器およびキャップの殺菌も兼ねて行う。加熱による脱気でヘッドスペース中の空気が少なくなり、製品が酸素で劣化されるのを防止する利点もある。

※無菌充填（アセプティックパック）：あらかじめ殺菌した内容物を、別の工程で滅菌した容器に無菌雰囲気下で充填・密封する方式。この方式による利点は、①加熱処理による品質への影響が少ない、②包装容器の大小にかかわらず一定の品質を確保できる、③包装容器の耐熱性があまり問われない、④食品と容器の反応が少ない、などである。

[容器別生産状況]

約170万ℓある全体の生産量のうち、缶飲料の比率は約10％、PETボトルが約55％、紙容器入りが約30％、その他容器（びん等）が約5％を占めている。

[歴史寸描]

わが国での果実飲料の製造は1897（明治30）年にミカンを搾汁し、びん詰にしたことから始まる。缶飲料では、1953（昭和28）年に輸出用のオレンジジュース缶詰（10オンス缶）が、54年に国内販売用にオレンジジュース缶詰（200g缶）がそれぞれわが国で初めて生産されている。57年には、缶ジュースが一躍脚光を浴び、生産量が急増した。61年にはネクター缶が、80年代には果粒入り果実飲料缶詰が上市され、果実飲料缶市場が大いに賑わいをみせるにいたった。

果実飲料缶詰の生産が本格化したのは、1970（昭和45）年度から「果実加工需要緊急対策事業（年間1万t以上のミカン搾汁工場をミカン産地の各農協組連に建設し、1工場に4億円の助成金を交付、あわせて技術指導を行う）」がスタート、16県に「農林省補助工場」が設立されたことと期を一にする。この事業で搾汁ラインの完全自動化が進められ、大量生産方式が導入された。その後、73年に熱間充填（ホットパック）が採用されたのを皮切りに、逆浸透膜など膜技術※の採用、無菌充填（アセプティックパック）などの新技術が次々と採用され、品質と生産性の向上が図られていった。

※膜技術：低分子物質もほとんど通さず、水のみを通すような半透膜を使用し、圧力を駆動力として溶質と溶媒を分離する方法。色調、芳香、栄養成分の保持などに高い効果がある。

(2) 野菜飲料

[種　類]

野菜飲料には、トマトやニンジンなどの単品の野菜を原料にしたジュースおよびドリンク――トマトを主原料に、ニンジン、セロリ、クレソン、ビート、ピーマン、ほうれん草、キャベツ、レタス、パセリなどの野菜を混合使用したトマトミックスジュース、野菜とリンゴやレモンなどの果実とを混合使用した野菜果実ジュースなどがある。

野菜飲料の年間生産量は、約65万kℓである。

収穫期採取の原料をそのまま使ったフレッシュパック品と、濃縮した原料を使用した濃縮還元品とがある。なお、トマトの濃縮には非加熱で濃縮できる逆浸透法も使われている。

製造方式では、高温短時間殺菌（ＨＴＳＴ、１２１℃で約1分）した液汁を90℃まで冷却し、熱間充填する方法と、無菌充填する方法とがとられている。

［容器別生産状況］

総生産量・約65万kℓのうち、缶飲料のシェアは10％程度であり、紙容器飲料が約60％、ＰＥＴボトル飲料が30％程度、びん飲料は1％に満たない。

［歴史寸描］

わが国でのトマトジュースは、１９３３（昭和8）年に初めてびん容器詰製品が生産された。戦後、4号缶製品で生産が再開され、１９５g缶（ジュース缶）での生産が始まった57年ごろから量産体制に入った。その後、野菜系飲料缶詰の代表格のトマトジュースに72年ごろ野菜ミックスジュースが、92（平成4）年ごろニンジンジュースが加わり、その他の単体およびミックスジュースとともに多彩な品目が上市されるようになっている。

(3) コーヒー飲料

［種　類］

コーヒー飲料には、ミルク入りとブラックとがあり、使用するコーヒー豆はアラビカ種（ブラジル・コロンビア・グアテマラ・メキシコ・モカ・キリマンジャロ・ブルーマウンテン等）、ロブスタ種（インドネシア・アフリカ産など）などである。それぞれの製品特徴を出すために、焙煎した豆を単品（ストレート）、あるいは数種の豆や焙煎度合の異なるものを配合した（ブレンド）ものがある。

コーヒー飲料の年間生産量は約３３０万kℓに達している。

ミルク入りコーヒーの製造工程を概略すると、コーヒー抽出液・乳原料・砂糖・乳化剤等の調合→均質化（調合液中の原料成分がこの処理により微細化、安定化される）→容器への充填・密封→殺菌（レトルトにより高温加圧加熱殺菌される）→箱詰め等、の経路をたどる。コーヒーは低酸性飲料であり、ボツリヌス菌が発育し毒素を産生する可能性があるので、これを確実に殺滅するため、レトルト殺菌が施される。

［容器別生産状況］

コーヒー飲料の容器は、同品が高温加圧加熱殺菌（レトルト殺菌）される関係もあって、清涼飲料のなかでは缶の比率がもっとも高く、全生産量３３０万kℓ見当のうちの約50％に達している。PETボトルは約40％と、年々そのシェアを高めている。紙・その他が10％程度である。

［歴史寸描］

コーヒー飲料は、びん入り製品は戦前にも流通したが、缶詰として市場に登場したのは１９６９（昭和44）年が初めてである。従来の果実など酸性飲料にレトルト殺菌を要する低酸性飲料の缶コーヒーが加わり、清涼飲料市場は急速に拡大した。この市場拡大には自動販売機の発展、普及も背景にあった。

(4) 茶系飲料

[種　類]

茶系飲料には、紅茶、ウーロン茶、緑茶、麦茶等が含まれており、紅茶にはミルクティー、レモンティー、フレーバーティーなどがある。緑茶には多種類の茶葉を混合した混合茶が含まれる。

茶系飲料の総生産量は約660万klであり、そのうちで緑茶類の生産がもっとも多く約300万kl、紅茶が約100万kl、麦茶が約100万kl、ブレンド茶80万kl、ウーロン茶が約60万kl、その他が約20万klになっている。

茶系飲料の充填法には、熱間充填法と無菌充填法がとられている。

[容器別生産状況]

茶系飲料の使用容器ではPETボトルのシェアが圧倒的で約95％を占めており、缶については1％未満になっている。

[歴史寸描]

各種茶飲料缶が初めて市場に登場した時期は、紅茶がいちばん早く1973（昭和48）年、次いでウーロン茶が79年、緑茶が85年である。いずれも最初に缶容器を採用して上市されている。その後、PETボトルや紙容器入りも製品化され、一大ヒットとなった。茶飲料がこれほどに普及したのは、カテキンなどの成分が健康に有用と評価されてきたこと、渇きを抑える無糖のさっぱりした飲料が好まれるようになったこと、重要な販売チャネルにコンビニエンスストアが加わったこと、などによる。

ただ、このような成長過程のなかで使用容器が多様化し、缶の比率が低下している。

⑸ 炭酸飲料

［種　類］

炭酸飲料は、炭酸ガスを含有する清涼飲料の総称であり、炭酸水と炭酸水に果汁や乳、香料などのフレーバリングを加えた飲料（フルーツソーダ・クリームソーダ・フレーバー系炭酸飲料・コーラ・ラムネ・ジンジャーエール等）などがある。

炭酸飲料全体の年間生産量は約４００万kℓになっている。

［容器別生産状況］

容器別シェアは、ＰＥＴボトルが約75％、缶が約20％、びんが約５％になっている。

［歴史寸描］

わが国で炭酸飲料が作られたのは１８６８（明治元）年、英国人が横浜居留地で外国人用にレモネード、ジンジャーエール、サイダーなどを作ったのが始まりとされている。同年、日本人向けにラムネ、１８７８年にレモン水（レモンの人工フレーバーを加え、希釈して飲用するシラップ水）などの小規模な商業生産が行われたとの記録がある。

⑹ スポーツ飲料

［種　類］

「スポーツ飲料とは」という明確な定義はなく、当初はスポーツをする人の水分・ミネラルを補給する飲料と受けとられていたが、今日では人に対する能動的な水分供給飲料として位置づけられている。従来の飲料製造技術に医薬品製造技術や新技術等を組み合わせた方法で製造されている。

製品の多くは、充填法に熱間充填方式をとっている。

スポーツ飲料の年間生産量は約１５０万kℓである。

［容器別生産状況］

容器別シェアは、PETボトルが90％強であり、缶詰、びん、紙容器の使用は非常に少ない。

［歴史寸描］

医療品製造技術を活かして作られた缶詰製品が、1980（昭和55）年に発売開始されたのがわが国での始まりである。

(7) ミネラルウォーター類

［種　類］

ミネラルウォーター類には、「ナチュラルウォーター（特定水源から採水した地下水を原水として、沈殿、ろ過、加熱殺菌以外の物理的・化学的処理を行っていないもの）」「ナチュラルミネラルウォーター（ナチュラルウォーターのうち、地層中の無機塩類が溶解した地下水を原水としたもの）」「ミネラルウォーター（ナチュラルウォーターを原水として、ミネラルの調整、ばっ気などの処理、複数の原水の混合などしたもの）」「ボトルドウォーター（地下水以外の水道水などを原水としたもの）」がある。

ミネラルウォーター類の年間生産量は約370万kℓである。

充填法には、熱間充填方式と無菌充填方式がとられている。

［容器別生産状況］

容器別のシェアは、PETボトルが90％以上を占めており、びんなどその他容器の使用割合はあまり高くない。

(8) 豆乳類

[種　類]

豆乳類には、「豆乳（大豆固形分8％以上）」「調製豆乳（大豆固形分6％以上）」「豆乳飲料（果汁入り・大豆固形分2％以上、その他・大豆固形分4％以上）」がある。

豆乳類の年間生産量は35万kℓ強である。

[容器別生産状況]

ほとんどの製品が紙容器に詰められて流通しており、びんなどその他容器の使用割合は低い。

[歴史寸描]

豆乳飲料を飲みやすい味に改良する研究は、戦前から行われていたが、近代的な豆乳の脱臭法が確立されたのは１９７０（昭和45）年代になってからである。したがって、容器詰豆乳飲料が独立した商品として流通するようになったのは70年以降からである。

第8章 レトルト食品

1 レトルト食品産業の沿革

わが国におけるレトルト食品は、１９６８（昭和43）年にカレー製品が販売されたことにより始まった。

レトルト食品の容器は、基本的に合成樹脂のフィルムにアルミ箔を貼り合わせることで気密性を高め、遮光性をもたせているが、近年では、包材の進歩によりレンジ加温が可能なアルミレスパウチを用いたレトルト食品も増えている。食品を容器に詰めた後、ヒートシール（フィルムを加熱溶融）する方法で密封し、缶詰と同じように加圧加熱殺菌装置（レトルト）で殺菌している。このことによって、レトルト食品は常温での輸送・流通条件下で、商品としての安全性が保たれる画期的な袋詰食品となっている。また、合成樹脂を成形した箱形をしたトレー状の容器に詰めたレトルト食品もある。

商品化においてわが国が世界の先陣を切っているが、レトルト食品の研究開発は１９５０（昭和25）年ごろ、アメリカの陸軍ナティック研究所が着手したことにより始まる。その後、包材と製品化に努めたアメリカは、アポロ宇宙計画の食料として利用するなど、特別食としての研究が進展した。一般食としては、パウチの接着剤の食品への移行懸念が米国ＦＤＡから示されていたことが早い段階での普及を妨げたため、レトルト食品の米国民間市場への上市は日本より時期が遅れることになった。

一方、ヨーロッパは、わが国とほぼ同じ時期に、主としてトレー状容器を使ったレトルト食品の製造に着手しており、製品も上市されている。アジアにおいてはタイ、韓国、中国などを中心にしてレトルト食品の製造販売量が増えている。

わが国で市場流通しているレトルト食品は、カレー、シチュー、ハヤシ、ミートソース、マーボ豆腐の素、丼類の素（牛丼・中華丼・親子丼・魚介丼など）、八宝菜、かまめしの素、鶏肉油漬やヤキトリなどの食肉加工品、マグロ油漬を主体とする水産加工品、スープ類、ぜんざい、パスタソース、料理用調味ソース、鍋スープの素などがある。種類も多彩で、その数は５００種以上に達している。

レトルト食品市場に参入する企業も増加しており、近年では１００社を超える企業でレトルト食品が生産されている。

豆知識26 レトルト食品開発物語
―宇宙食とわが国での開発―

レトルト食品の研究は、1950（昭和25）年代初めからアメリカ陸軍の政府研究機関・ナティック研究所で、缶詰に代わる軍用食料の研究として行われていた。企業化に先んじたのはスウェーデンで55年ごろに製品が上市されている。ただ、長続きはしなかったとされる。

一般にレトルト食品が知られるようになったのは、1969（昭和44）年に打ち上げられた月面探査船アポロ11号に「Lunar-pack（牛肉・ポトフなど5品目）」として積み込まれ、宇宙で食べられてから。この前年に、わが国で初めてレトルト食品が誕生した。大塚食品のボンカレーであり、当初は、ポリエチレン／ポリエステルの2層構造の半透明パウチが使われた。欧米でも技術的には各種の成果があり、試作あるいは軍用食、宇宙食など特殊な目的のための製品はあったが、一般に市販され、それが定着したのはわが国が最初である。

宇宙食といえば、日本の宇宙飛行士・向井千秋さんが1994（平成6）年に乗り込んだコロンビア号にも、レトルト食品6品目（肉じゃがや大豆の五目煮などの和風メニュー）が積み込まれている。宇宙からの映像にこの食場面が映って話題を集めた。

レトルトパウチの開発は、東洋製罐においてＰ1963（昭和38）年から行われており、翌年には透明タイプのパウチが販売されている。これは食品の保存性の点で問題があったため、アルミ箔をラミネートすることで保存性を向上させた製品を開発した。他方、大塚化学薬品では「高温殺菌技術」を保持しており、両者の技術が合体した結果、レトルト食品のカレーが生まれたといえる。75年には、通常のレトルト殺菌における温度より高温にし、短時間で殺菌する高温短時間殺菌（ハイ・レトルト殺菌、ＨＴＳＴ）法の採用や新型容器の開発販売などさまざまな技術的改良がなされ、製品の種類も増加していった。

2 レトルト食品という名称、定義

レトルト食品の「レトルト」の意味は、広辞苑によると「大気圧以上の圧力を用いて、110〜140℃で缶詰・袋詰食品を加熱・殺菌する装置。殺菌釜」のことである。広辞苑ではレトルト食品を「特殊なフィルムの袋に調理済み食品を入れて密封し、レトルトを用いて殺菌したインスタント食品のレトルトパウチ食品」としている。本来はRetortable Pouched Food と呼ぶべきところを、略してレトルト食品と名付けたようである。

レトルト食品は次のように定義されている。食品表示法ではアルミ箔を貼り合わせて遮光性をもたせた容器に詰めて加圧加熱殺菌された食品を「レトルトパウチ食品」としており、食品衛生法の規格基準では「容器包装詰加圧加熱殺菌食品」としている。なお、食品衛生法では、白飯のように油脂の変敗のおそれのない品目や化粧箱に入れられている品目については、透明容器詰食品をも範ちゅうに入れている。

近年では紫外線の遮断性に優れ、酸素透過性が非常に低いプラスチックフィルムが開発されており、透明容器の包材に使用されている。このフィルムを使用した容器に詰められた食品は、アルミ箔等で遮光性をもたせた容器に詰められたものと比較しても、ほぼ同等の品質レベルを長期間保つことができる。このアルミパウチを使用したレトルト食品は、電子レンジでの加温が可能なことから需要も高く、生産量は増加傾向にある。湯せんで加温しなくても電子レンジを使って加温できることから、高齢者や子どもでも安全に利用できる。そのため、今後も需要は伸びていくものとみられる。

豆知識27 レトルト食品の特徴
―兄弟問答―

年の離れた弟「夏休みの自由研究に、兄ちゃんがいつも食べているレトルト食品を選んだの。兄ちゃんがレトルト食品を好きなのはどうして?」

大学生の兄「お湯で温めても、電子レンジでチンしても食べたいと思ったらすぐにできるからかな。」

弟「お母さんがまとめて買ってきているからだよ。兄ちゃんはチンして開けて食べるだけが役目だね。」

兄「生意気言わないの。お母さんがまとめて買ってくるのは軽くてラクだからさ。それに、冷蔵庫に入れなくとも長持ちして便利だからだよ。」

弟「そんな簡単なものばかり食べていると栄養が足りなくなるってお姉ちゃんが言っていたよ。それに長持ちするのは、何か薬を使っているからじゃないかって。」

兄「もちろん、ほかのものも食べているさ。でもね、レトルト食品に栄養がないってわけじゃないよ。空気をものすごく薄くしたところ（真空下）で調理すると、栄養がなくなったり壊れたりしづらいんだ。長持ちする薬なんか使わなくてもいいようになっている。レトルト食品は、袋（容器）に食品を入れた後で外からバイキン（細菌）が入れないようにしっかりと入口をふさいで（密封）、その後で、圧力釜のような機械（装置）を使って中身の食品を料理しながら食品についているバイキンを殺して（殺菌）いるんだよ。」

弟「どうして圧力釜のような機械を使うの？」

兄「お湯が煮立ってグツグツするようになっても、ヒューヒュー湯気が出るとお湯の温度は100℃にはならないんだ。バイキンのなかには熱に強くって100℃でも死なないやつがいるんだよ。こいつを殺すために温度を100℃以上に上げなけりゃならない。圧力鍋のように中のヒューヒューが抜けないようにしっかり蓋をした状態にすると、温度を100℃以上に上げることもできるんだよ。このようにした機械の中に、入口をふさいだ袋に入った食品を入れて熱に強いバイキンを殺している（加圧加熱殺菌）のさ。食品を腐らせたりするのはバイキンだからね。」

弟「外からバイキンが入れないし、袋の中のバイキンは殺しちゃっているから、ぼくらのいる部屋の中においたままでも、レトルト食品は長持ちするんだね。薬（殺菌剤や保存料）を使わなくてもいいのも同じ理由だね。」

兄「そうだよ、お姉ちゃんに教えてあげな。ただな、自由研究なんだからいろいろなレトルト食品のできあがるまでなんかを調べ、また、どんな味がするかをおまえの舌で確かめると、もっといい研究になるよ。」

3 レトルト食品の生産・消費

レトルト食品の年間生産量は、37万tを超えている。生産がもっとも多い品目はカレーであり、その量は16万t超で全体の約40％を占めている。次いで、中華あわせ調味料などの料理用ソースが5万t強、つゆ・たれが5万t、パスタソース類が3万t強、丼類の素が2万t、かまめしの素とスープ類、飯類（かゆが主体）がそれぞれ1・5万t前後、マグロ類などの水産物が4千tと続いている。シチューとハヤシの生産も多く、それぞれ3千t程度である。

品目群の状況は次のようになっている。

(1) カレー

原料種別にビーフ、ポーク、チキン、シーフード、野菜、フルーツなどのカレーがある。調味スタイルも甘口、中辛、辛口、激辛、民族風（タイ・タヒチ・インド・ジャワ等）、骨付き肉使用品やキーマスタイル、フォンドボー入りなど非常に多彩な品目構成になっている。また、スープカレーや幼児用・介護食用、カレーソースもあるほか、タイ等からの輸入もなされている。

一個当たり容量別では、１７０～２１０gのものが多く、業務用では1～３kgの製品が多く出ている。弁当用としてスティックタイプの製品も販売されている。

わが国で最初に発売されたのは１９６８（昭和43）年で、大塚食品の「ボンカレー」。

⑵ パスタソース

多彩な品目構成になっており、ミートソース、クリームソース、カルボナーラソース、イカスミソース、ボンゴレソース、ペペロンチーノ、和風の山菜ソースなどが代表的である。

一個当たり容量別では、50ｇ～３kgの範囲に広く分布しているが、家庭用のミートソースやクリーム系のソースは１５０ｇ、１８０ｇ、３００ｇが多く、業務用では１kg、３kgが多い。

わが国での最初の発売は１９７０（昭和45）年、三喜フードのミートソースである。

⑶ 料理用調味ソース

ドミグラスソース、ホワイトソース、マリナラソースなどの洋風スタイル、青椒肉絲《チンジャオロースー》、回鍋肉《ホイコーロー》、エビチリソースなどの中華あわせ調味料、山菜やきのこを使った和風ソースなどがある。

一個当たり容量別では、90ｇ、１００ｇ、２００ｇのものが多く、業務用では１kgが主流。

わが国での最初の発売は、洋風ソースは１９７１（昭和46）年にドミグラスソースが業務用１kgで理研ビタミンから、中華あわせ調味料では78年にエビチリソースなどのシリーズで味の素から。

⑷ スープ類

洋風スープではポタージュ、コンソメなどがあり、野菜系のコーン・パンプキン・ポテト・オニオン・ミネストローネがよく消費されている。中華風スープでは、ふかひれスープが代表的で、卵やカニなどもあり、燕《つばめ》巣スープも販売されている。

和風汁物では、味噌汁、けんちん汁、ちゃんこ鍋が多く、このほかにスッポンスープなどがある。

一個当たり容量別では160g、180gが多い。

わが国での最初の発売は、1973（昭和48）年にコーンポタージュスープが日本調味食品から。

(5) マーボ料理の素

料理目的別に豆腐用のほか、ナス用・白菜用・春雨用などの種類があり、明示された用途以外のさまざまな料理のソースとしても使われている。味には「甘口」「中辛」「辛口」などがある。多くがひき肉入りのソースだが、豆腐が入った製品やひき肉の入っていない製品もある。

一個当たり容量別では、110g、150g、180g、200gのものが多い。

わが国では、1972（昭和47）年にマーボ豆腐の素が理研ビタミンから最初に発売されている。

(6) かまめしの素

松茸などのきのこ類、山菜、五目、鶏肉、アサリやエビなどの魚介類などをベースにしたものがあり、和風のほか、リゾットやピラフ、チャーハンなどの洋風、中華風のものも販売されている。

一個当たり容量別では、家庭用が150g、200gが多く、業務用では1kgが多い。

わが国ではカレーに次いで販売歴が長く、1969（昭和44）年に「とり肉入り山菜かまめし」がヤマモリから発売されている。

(7) ご飯類

今日では「かゆ」「雑炊」が主体になっているが、初めて上市された1973（昭和48）年以降、しばらくの期間は白飯、赤飯、五目飯、サケ飯などが主要品目であった。その後これらの製品は、透明袋詰（レトルト殺菌）や無菌パックに移行していった。「かゆ」には、白粥、卵粥、五目粥、サケ粥、玄米粥などがあり、「雑炊」にはフグ雑炊、カニ雑炊、鶏雑炊、山菜雑炊などがある。

一個当たり容量別では、２００gと２５０gが多い。

「かゆ」がわが国で上市されたのは１９７７（昭和52）年、医療食として大塚食品が出した「ボンコロン」が最初である。

(8) どんぶり類の素

親子丼、牛丼、中華丼、海鮮丼が代表的な品目であり、その他に焼肉丼、マーボ丼などの丼類の素がある。温めてご飯にのせ、そのまま喫食する類のものが多い。

一個当たり容量別では、１００gと２００gが多い。

わが国での最初の上市は、１９７４（昭和49）年で日本ハムの「牛丼の具」である。

(9) 水産類

業務用の「ツナ油漬」が主要品目であり、その他にカニ、サケ、イワシ、サバ、ホタテ貝などの魚介類製品がある。また、ツナペーストのような調理タイプ製品もある。業務用の生産比率が高いが、今日では家庭用製品も増えている。家庭用製品の中心は成形容器詰のおつまみタイプ製品のほか、ツナ水煮・油漬などがある。

一個当たり容量別では、業務用が1kgと５００gが中心で、家庭用は50g、80gなどである。

タイ産を中心にしたツナ油漬・水煮製品の輸入が増えている。

水産物のレトルト食品がわが国で初めて上市されたのは、1975(昭和50)年にニッタケ食品がハイ・レトルト製法で作った「ウナギ蒲焼」「白身魚クリーム煮」の家庭用製品であり、業務用では78年にホテイフーズが「ツナチャンク」を出している。

⑽ 食肉加工品

業務用の「鶏肉油漬」や「ウズラ卵(透明容器詰が多い)」、家庭用の「ヤキトリ」「ミートボール」「ハンバーグ」「コンビーフ」「ハム」などがあり、近年ではおつまみ向けが増えている。

一個当たり容量別では、業務用は1kg、家庭用は90g、120g、200gが多い。

1971(昭和46)年にヤマモリから「炭焼きヤキトリ」が上市されたのが食肉加工品の最初である。

⑾ シチュー

クリームシチュー、ブラウンシチュー、チャウダーがあり、主要原材料別ではビーフ、ポーク、チキン、牛タン、牛テール、アサリなどの魚介類がある。

わが国での最初のレトルトシチューは、ハウス食品から1970(昭和45)年に出された「ククレクリームシチュー」である。

⑿ ハヤシ

ハヤシビーフを主体に、一個当たり容量100g、180g、200g主体の製品が流通しており、根強い人気を博している。

マルハから1971(昭和46)年に「ノンクック

ハヤシ」が出されたのが最初のレトルト品である。

⒀ その他

レトルト食品は、食品を容器に詰めた後、加圧加熱殺菌し、密封した食品であり、製法は缶詰やびん詰とほとんど変わらない。したがって、缶詰やびん詰にされている製品のほとんどは、レトルト食品にすることができる。上記に列挙した以外の主要品目にはニンジンやタケノコ、きのこ類、コーンなどの野菜の「水煮」「味付」「うらごし加工品」「ぜんざい」「しるこ」「おでん」「肉じゃが」等がある。毎年、数多くの新製品が開発されており、品目の幅が広がっている。

豆知識 28
世界のレトルト食品事情
―アジアが欧米より普及するわけ―

欧米諸国では、1960～70（昭和35～45）年代に家庭用商品としてのレトルト食品実用化が試みられたが、商品としては育たなかった。大型の冷蔵庫が早くから普及していて常温保存の必要性が高くなかったこと、レトルトパウチに使われている接着剤が加熱殺菌によって食品の内部に移行するおそれがあるとの見方が米国FDAにあったことなどが、普及を妨げる要因になったといわれている（接着剤の変更等でこの問題を解消、FDAは77年にレトルトパウチを食品容器に認可した）。また、日本を含めアジアでは、湯を使う（ゆでる・蒸すなど）調理法が一般的であり、湯で温める（湯せんする）レトルトパウチ食品が受け入れられやすい風土だったのに対し、欧米では、ローストするなどオーブンでの加熱調理が食事作りの基本であるためとも分析される。

とはいえ、アメリカをはじめスウェーデンやイギリス、ドイツ、フランスなどの国で業務用製品を主体にレトルト食品が流通している。具体的にはニンジンやポテト、ビーンズ、マッシュルームなどの野菜水煮、ツナを主体にした水産類、食肉加工品などであり、レストラン等のフードサービス店が温めるだけで済む簡便な料理素材として使用するケースが多い。家庭用については品目数は少ないが、シチューやスープ、パスタソースが製造販売されている。

レトルト食品は、欧米諸国よりもむしろアジア各国において普及率が高い。わが国での普及理由の一つであるが、常温で長期保存ができ、簡便な食品であることがアジア諸国で評価されているからだ。流通品目は、カレーやシチュー、スープなどの調理食品が多く、トムヤムクンやカルビクッパ、グリーンカレーなど民族系料理が多いのも特徴。

流通量の多い国は、韓国、台湾、シンガポール、タイ、マレーシアなどであり、中国での消費も増えている。これらの国では国内向けばかりではなく、輸出向け生産も行っており、とくにタイからはツナやカレーなどが日本にも輸出されている。

これらアジア諸国では共働き世帯の増加で、調理に手間のかからないレトルト食品が赤丸上昇中である。その他、その利便性から学校や事業所の給食事業からの需要も高まっているようだ。

4 レトルト食品の作り方

第2章2で述べたとおり、レトルト食品の製造過程は缶詰とあまり変わりがない。違いは缶詰が金属容器を使うのに対して、レトルト食品は金属容器の代わりに軟包装袋（Flexible Pouch）または半剛体の成形容器（Semi-rigid Container）を使用しているところにある。容器の違いがあるので、密封および加熱殺菌の方法が異なり、製造の全工程でピンホールや破裂の原因となる強い衝撃を与えないよう取扱いに注意する必要がある。

食品を軟包装袋に充填し、フィルムを熱で溶かして密封するため、特殊な充填・シール機械が使われ、加熱殺菌には加圧殺菌・加圧冷却機構が組み込まれた高圧殺菌釜（レトルト）が使われている。レトルト食品の一般的な製造工程を示すと次のとおり（第2章図表2―5参照）。

原料→調理→充填・シール→加熱殺菌・冷却→脱水→乾燥→個装カートン詰め→外装カートン詰め→製品

次に、充填・シールと加熱殺菌・冷却の両工程および容器について少し詳しく説明する。

(1) 充填・シール

ミートソースのような流動状の食品、あるいはカレーやシチューに代表される固形物を含む流動状の食品は、計量・充填およびヒートシールを1台で行う機械が使われる。

一方、ハンバーグのように真空シールを行う食品については、充填とシールに別々の機械が使われている。袋のシールはプラスチックを熱で溶かして圧着させる方法によるので、内容物を充填する際、シール部分に食品や蒸気を付着させないような機構になっている。

(2) 加熱殺菌

レトルト食品の場合、軟包装袋を容器として使うので、加熱殺菌・冷却中に袋の中の圧力が高まり破裂してしまうのを防ぐため、加圧した空気を蒸気や冷却水に混合して殺菌・冷却を行う。

レトルト食品は、通常115～125℃で殺菌を行うが、缶詰に比較して厚みが少なく、熱伝達がきわめて良いため、135℃、2～5分間で殺菌するような高温短時間殺菌（HTST）による〝ハイ・レトルト殺菌法〟と呼ばれる方法も採用されている。

(3) 容　器

レトルト食品の容器には、アルミ箔入りのタイプと透明タイプの2種類がある。使用するプラスチックの種類・アルミ箔の有無によって、容器としての性能が違ってくるので、製品の保存性、殺菌条件、輸送保管条件などを考慮して選択する必要がある。

① アルミ箔入りタイプ

プラスチックフィルムとアルミ箔等の金属箔を貼り合わせたもので、光線や空気中の酸素の透過を遮断する。そのため、缶詰と同様に食品を長期間保存することができる。食品表示法で規定されているレトルトパウチ食品の容器として、現在もっとも多く使われている。

袋の素材は、食品に接する内層がポリエチレンまたはポリプロピレン、中層がアルミ箔、外層はポリエステルが、それぞれ使われている。さらに、中層にポリアミド（ナイロン）を貼り合わせたものもある。

② 透明タイプ

アルミなどの金属箔を使用せずにプラスチックフィルムだけを貼り合わせたものなので、通常は光線も酸素も透過しやすい。このために、比較的短期間の保存性しか得られないものが多い。ただ、内容食品が見えるので、商品によっては販売上の利点となっている。袋の素材は、内層がポリエチレンまたはポリプロピレン、外層はポリアミドが一般的だが、さらに外層にポリエステルを貼り合わせたものもある。

なお、近年では光線の遮断性に優れ、酸素透過性が非常に低いプラスチックフィルムが開発されており、透明容器の包材に使用されるようになっている。このような透明容器詰食品の保存性は金属箔を使った容器に詰められた食品とあまり変わりがなく、電子レンジでの加湿・調理にも対応性をもっていることから、最近では流通量が増大している。

③ トレー状の容器

レトルト食品の容器には、一般に使われている袋状のもののほかに、トレー状の成形容器がある。金属箔入りトレー状容器の場合は、袋と違って外層は厚手の金属箔を使い、内層は主としてポリプロピレンが使われている。透明トレーの場合は、厚手のポリプロピレンまたはポリカーボネートが使われている。

豆知識29 レトルト食品物語
―さまざまな食品、さまざまな容器―

レトルト食品は、1977（昭和52）年以降、平成年代（1989年～）に本格的成長期に入った。上市品目も調理品から素材型の調味料、惣菜、業務用製品、ベビーフード、介護食、療養食と非常に多岐にわたっている。容器タイプは、3層あるいは4層ラミネートの平袋、スタンディングパウチ、丸型や角型のトレー、100g未満容量から5kg容量までと幅広くなっている。

また、電子レンジに対応できる容器も使用されている。紫外線遮断性に富み、酸素透過を抑えた透明フィルムが増加しているので、今後は金属箔をラミネートしない透明容器がますます普及していき、電子レンジ対応食品の上市点数が増加していくこと必至である。

さまざまなタイプの容器に多様な食品が詰められているわが国のレトルト食品は、その市場規模、製造支援技術などいろいろな角度からみても世界最大であり、今後もその地位を維持していく可能性が高い。

5 レトルト食品の安全性と表示

レトルト食品の大部分が「容器包装詰加圧加熱殺菌食品」に該当し、食品衛生法に基づく規格基準が定められている。容器包装詰加圧加熱殺菌食品の規格基準は、レトルト食品だけでなく缶詰・びん詰も適用の対象となる。その他、食品表示法（食品表示基準）では個別に表示事項が定められている。

また、レトルト食品のうち金属箔入りの袋や成形容器のものは「レトルトパウチ食品」として食品表示基準で用語が定義されており、個別に表示事項が定められている。

缶詰・びん詰・レトルト食品の関係法令については第4章に記述したが、ここではレトルト食品に絞って再記述する。

(1) 容器包装詰加圧加熱殺菌食品の規格基準

① 適用の範囲

食品を気密性のある容器包装に入れ密封した後、加圧加熱殺菌した缶詰・びん詰・レトルト食品が対象となる。ただし、清涼飲料水・食肉製品・鯨肉製品・魚肉練り製品は除かれる。

② 成分規格

「食品中で発育しうる微生物が陰性でなければならない」と規定し、製品の商業的無菌性※を確認するため恒温試験および細菌試験が定められている。

※商業的無菌性：製品を常温で貯蔵した場合、食中毒を引き起

こす病原微生物の発育はいうまでもなく、常温で発育可能なすべての細菌・カビ・酵母を死滅させることをいう。

③ 製造基準

主に殺菌条件について定めている。その条件は次の通りである。

・原材料中に含まれている細菌を死滅させるのに十分な加圧加熱殺菌を行うこと

・pHが４.６を超え、かつ水分活性が０.９４を超える食品は、中心部の温度１２０℃で４分間加圧加熱殺菌かこれと同等以上の加圧加熱殺菌をすること

④ 容器包装規格

レトルト食品の容器は、遮光性を有し、かつ気体透過性のないものでなければならないと規定されている。ただし、次のような場合においては、金属箔が入っていない透明容器の使用が例外的に認められている。

・食品中に油脂分をほとんど含んでいない

・容器が外箱等に入れられて遮光されている

・流通期間が短く設定されている

また、レトルト食品の容器はヒートシールによって密封されているものがほとんどであり、シール強度等の容器の強度試験についてそれぞれ試験方法と規格値が定められている。

(2) 食品表示基準で定める容器包装詰加圧加熱殺菌食品の表示事項

容器包装詰加圧加熱殺菌食品には、「衛生事項」の表示（個別的義務表示）が必要である。容器包装詰加圧加熱殺菌食品の個別的義務表示事項・殺菌方法は次の通りである。

「気密性容器に密封し、加圧加熱殺菌」など食

品を気密性のある容器包装に入れ、密封した後、加圧加熱殺菌した旨を表示する。ただし、缶詰・びん詰は表示が免除されているほか清涼飲料水、食肉製品、鯨肉製品、魚肉練り製品は除かれる。」

(3) 食品表示基準で定めるレトルトパウチ食品の表示事項

レトルトパウチ食品には、「品質事項」の表示（個別的義務表示）が必要である。レトルトパウチ食品の個別的義務表示事項は次の通りである。

・レトルトパウチ食品である旨

「この商品はレトルトパウチ食品です」などレトルトパウチ食品である旨を表示する。

・調理方法

食品の特性に合わせて、調理方法を絵など使って説明する。ただし、単に温めるだけなど調理を必要としないものは省略ができる。

・内容量

「○人前」と調理後の出来上がり目安量を表示する。ただし、単に温めるだけなど調理を必要としないものは省略ができる。

・食肉もしくはその加工品または魚肉の含有率

カレー、ハヤシ、パスタソース、マーボ料理の素、牛丼の素、シチュー、ハンバーグステーキ、ミートボールにあっては、食肉（もしくはその加工品）または魚肉を使用した場合は、その重量が製品の重量に占める割合が定められた割合に満たないときは、％の単位でその含有率を記載する。

豆知識30 缶・びん詰、レトルト食品のこれから

―変化し続け、受け入れられていく―

―あなたには、とくに意識しているわけでもないのに、ふと想い描けること（モノ）がありますか？

多くの人に全体像が共有されており、描き出された像が他人とあまり変わりないであろうものをもっているような気がする。動作にたとえれば、箸の持ち方、動き。

―モノに置き換えたらそれは何ですか？

長寿製品。缶詰……。

―モノではないものに置き換えられますか？

総称、グループを一塊にして呼ぶ言葉。

―それは記憶のようなものですか？

鮮やかではないが、いつでも体の引き出しから取り出せる「想い」。

―古くさいと思いますか？

10年ぶりに会った青年と同年齢の息子を見るようなもので、毎日顔をあわせる息子の変化は意識しないが、10年ぶりの青年の大人びた変容に驚くようなもの。実は大きく変わっているが、日常のなかで人にそれをあまり意識させないものがある。古くさいという表現は当たらない。

—その想い、大事にしたいと思いますか？　子どもに伝えたいと思いますか？

人は生活から学ぶ。時を重ねて培われた「信頼」は「安心」に通じる。〝伝えたい〟を超えて、新しい衣をまとい〝伝わっていく〟。生活がそれを必要とするのだから。

長く慣れ親しんだこと（モノ）は、生活や精神のなかに溶け込んでおり、それを改めて意識させるものではない。目立たないがそれは大きく変化しており、これからも人々の生活とともに新しいものに変化し続けていくはずである。たとえば、缶詰・びん詰・レトルト食品は新技術を使った製法や調味・容器など、いろいろな分野で生活者の要請を受けて使い勝手のいいものに変化し続けていくことになろう。もちろん、この間に提供側と生活者の対話が絶えず交わされていくことになる。

参考資料

　缶・びん詰、レトルト食品についてもっと詳しく知りたい方は、次の書籍や資料を参考にされたい。ホームページで提供されている場合はそのURLを示した。

〔歴史について〕

（社）日本缶詰協会編「日本缶詰史（1～3巻）」（社）日本缶詰協会（出版年1・2巻・1962年、3巻・1977年）

（社）日本缶詰協会編「目で見る日本缶詰史」（社）日本缶詰協会（1987年）

（財）食品産業センター編「レトルト食品工業の発展過程」（財）食品産業センター（1979年）

（社）日本缶詰協会編「レトルト食品発表年表」（社）日本缶詰協会（1993年）

◇ホームページ

（公社）日本缶詰びん詰レトルト食品協会のあゆみ

https://www.jca-can.or.jp/association/history.html

缶詰200年の歩み

https://www.jca-can.or.jp/honbu/200anniv/200anniv.htm

缶詰、びん詰、レトルト食品Q＆A

https://www.jca-can.or.jp/useful/qa

◇生産量、輸出入量統計

「缶詰時報　生産統計特集号」（毎年8月発行）（公社）日本缶詰びん詰レトルト食品協会国内生産量統計

http://www.jca-can.or.jp/data/jcadata.html

〔技術書〕

◇製造一般

(社) 日本缶詰協会 「缶・びん詰、レトルト食品飲料製造講義」(総論、各論編) (2002年)

米国食品製造者協会科学教育財団(GMA)編 (公社) 日本缶詰びん詰レトルト食品協会訳 「缶詰食品」(第7版) (社) 日本缶詰協会 (2013年)

◇レトルト食品

清水 潮、横山理雄 「レトルト食品の理論と実際」 幸書房 (1991年)

(社) 日本缶詰協会レトルト食品部会 「レトルト食品を知る」 丸善 (1996年)

◇GMP

(公社) 日本缶詰びん詰レトルト食品協会編 「容器詰加熱殺菌食品を適正に製造するためのガイドライン (GMP) マニュアル」(第2版) (公社) 日本缶詰びん詰レトルト食品協会 (2015年)

◇HACCP

(公社) 日本缶詰びん詰レトルト食品協会 「容器加熱殺菌食品のHACCPマニュアル」(公社) 日本缶詰びん詰レトルト食品協会 (2019年)

◇加熱殺菌

(公社) 日本缶詰びん詰レトルト食品協会 「容器詰食品の加熱殺菌」(理論および応用) (公社) 日本缶詰びん詰レトルト食品協会 (2017年)

◇金属容器密封

(公社) 日本缶詰びん詰レトルト食品協会、日本製缶協会 「缶詰用金属缶と二重巻締」(新訂Ⅱ版) (公社) 日本缶詰びん詰レトルト食品協会 (2014年)

◇製造入門

(公社) 日本缶詰びん詰レトルト食品協会「基礎技術講習会テキスト」(第4版) (公社) 日本缶詰びん詰レトルト食品協会 (2018年)

著者

公益社団法人　日本缶詰びん詰レトルト食品協会

〒101 － 0042
東京都千代田区神田東松下町 10 － 2　翔和神田ビル 3 階
電話　03 － 5256 － 4801
FAX　03 － 5256 － 4805
ホームページ　https//www.jca-can.or.jp

食品知識ミニブックスシリーズ「改訂 4 版　缶詰入門」
定価：本体 1,200 円（税別）

昭和 55 年 9 月 30 日　初版発行
昭和 57 年 9 月 26 日　改訂版発行
平成 4 年 1 月 20 日　増補改訂版発行
平成 22 年 10 月 29 日　改訂 3 版発行
令和 2 年 8 月 13 日　改訂 4 版発行

発行人：杉田　尚
発行所：**株式会社　日本食糧新聞社**
〒104-0032　東京都中央区八丁堀 2-14-4
編集：〒101-0051　東京都千代田区神田神保町 2-5
北沢ビル　電話 03-3288-2177
FAX03-5210-7718
販売：〒104-0032　東京都中央区八丁堀 2-14-4
ヤブ原ビル 7 階　電話 03-3537-1311
FAX03-3537-1071
印刷所：**株式会社　日本出版制作センター**
〒101-0051　東京都千代田区神田神保町 2-5
北沢ビル　電話 03-3234-6901
FAX03-5210-7718

カバー写真提供：PIXTA（ピクスタ）　コピーライト：ピクスタ
サバ缶 水煮：rogue ／乾パン：アマノ ヤスヒロ／ Canned Mandarin Oranges：Digifoodstock ／ムール貝のワイン蒸し：june. ／カレーライス：taa ／ The pickled red and yellow tomato in glass：bborriss

ISBN978-4-88927-273-4　C0200

★缶詰びん詰レトルト食品業界の育成・発展に活躍する

広告索引（掲載順）

マルハニチロ株式会社
代表取締役社長　池見　賢
〒一三五-八六〇八　東京都江東区豊洲三-二-二〇
豊洲フロント

日本水産株式会社
代表取締役
社長執行役員　的埜明世
〒一〇五-八六七六　東京都港区西新橋一-三-一

株式会社ニチレイフーズ
代表取締役社長　竹永雅彦
〒一〇四-八四〇二　東京都中央区築地六-一九-二〇
ニチレイ東銀座ビル

二橋プリント株式会社
代表取締役　二橋英之
〒三四一-〇〇〇五　埼玉県三郷市彦川戸一-三八-六
電話〇四八（九五三）二三六一

静岡ジェイエイフーズ株式会社
代表取締役社長　髙山英之
〒四二四-〇一一四　静岡県静岡市清水区庵原町三四-一
電話〇五四（三六七）三二一六

こまち食品工業株式会社
代表取締役　高橋　東
〒〇一八-二三〇五　秋田県山本郡三種町外岡字逆川一-二
電話〇一八五（八三）二七四〇